Objectif BAC

FICHES

Biologie et physiopathologie humaines

Chrystelle MÉNARD

Professeur de Biotechnologie : Biochimie, Génie Biologique

hachette
ÉDUCATION

Pour réviser efficacement !

Des fiches synthétiques et complètes

Le cours complet et des schémas pour tout mémoriser

Tout le programme de T^le ST2S en fiches

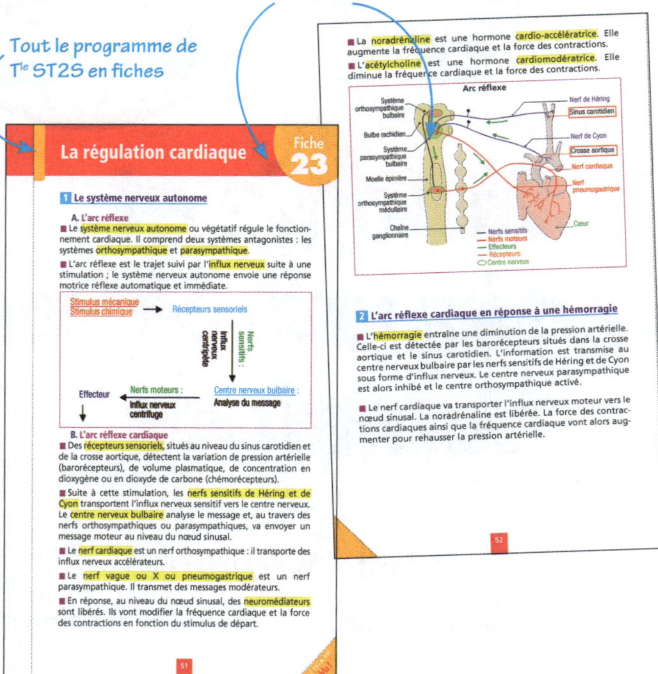

Un coin détachable pour se repérer lors des révisions

Conception graphique
Couverture : Mélissa Chalot
Intérieur : Mélissa Chalot

Édition : Noëmie Dauchart
www.hachette-education.com

Réalisation
Schémas : Carole Fumat (pages 53, 79 haut, 96, 98)
Bernard Sullerot (autres schémas)
Mise en pages : Jérôme Pagès
Couverture : Sylvie Fécamp

ISBN : 978-2-01-270766-5

Sommaire

Descriptif de l'épreuve 6
Conseils pour l'épreuve 9

FICHES — Pages

La respiration

1 L'appareil respiratoire 7
2 L'histologie de la trachée et des bronches 9
3 Le métabolisme cellulaire 11
4 Les échanges gazeux 13
5 Le transport des gaz respiratoires 15
6 Les facteurs influençant la fixation de l'O_2 17
7 La radiographie et la scanographie 19
8 D'autres techniques d'exploration 21
9 L'asthme 23
10 La mucoviscidose 25
11 L'antibiothérapie 27
12 Le tabagisme 29

Le cœur et la circulation sanguine

13 Le cœur 31
14 L'automatisme cardiaque 33
15 L'activité mécanique 35
16 La circulation du sang dans les vaisseaux 37
17 L'histologie et les propriétés des vaisseaux 39
18 La pression artérielle 41
19 Une pathologie de la circulation 43
20 Les examens paracliniques 45
21 Les insuffisances coronariennes 47
22 L'infarctus du myocarde 49
23 La régulation cardiaque 51

Les cellules, les chromosomes et les gènes

24 Les chromosomes 53
25 L'étude des chromosomes 55
26 Le cycle cellulaire 57
27 L'hérédité humaine 59
28 Les maladies héréditaires autosomales 61
29 Les maladies héréditaires gonosomiques 63
30 L'expression de l'information génétique 65
31 Le code génétique et les mutations 67
32 Le processus tumoral 69
33 Le dépistage et le diagnostic 71
34 Les risques et les traitements 73

Sommaire

La transmission de la vie

35 L'anatomie des appareils génitaux 75
36 La spermatogenèse 77
37 La folliculogenèse et l'ovogenèse 79
38 La rencontre des gamètes 81
39 La maîtrise de la procréation 83
40 La fonction reproductrice de l'homme 85
41 La physiologie sexuelle de la femme. .87
42 La régulation hormonale chez la femme 89

L'immunologie

43 Le soi et le non-soi 91
44 Les acteurs de l'immunité. 93
45 Les molécules immunitaires 95
46 Une infection virale : la grippe 97
47 Les voies d'entrée des virus 99
48 La défense immunitaire innée 101
49 La réponse acquise à médiation humorale. 103
50 La réponse acquise à médiation cellulaire 105
51 La réponse immunitaire 107
52 La prévention de la grippe : la vaccination. 109
53 Le sida ou syndrome d'immunodéficience acquise 111

Lexique 115
Index 119

Présentation de l'épreuve

1 L'épreuve écrite

■ L'épreuve écrite dure 3 heures et a un coefficient 7.

■ Elle porte sur au moins deux des neufs thèmes étudiés au cours des classes de Première et de Terminale.

A. Première

- L'organisation et le fonctionnement intégré de l'être humain.
- La motricité et le système nerveux.
- L'alimentation.
- L'homéostasie.

B. Terminale

- La respiration.
- Le cœur et la circulation sanguine.
- Les cellules, les chromosomes et les gènes.
- La transmission de la vie.
- L'immunologie.

■ L'épreuve comprendra différentes parties :

- annotation de schémas (coupes histologiques, schémas des différents organes étudiés) ou de clichés d'imagerie médicale ;
- restitution de connaissances (pathologies respiratoires, examens paracliniques) ;
- analyse de documents, d'arbres généalogiques, de courbes, d'expériences (greffe, virémie, cardiogramme) ;
- définition de termes médicaux.

2 L'épreuve orale de rattrapage

L'épreuve orale dure 30 minutes après un temps de préparation de 45 minutes, et a un coefficient 7.

Conseils

■ Prenez le temps de lire le sujet en entier avant de commencer votre rédaction. Repérez les mots clés et les éventuelles indications contenues dans l'énoncé vous aidant à répondre à certaines questions.

■ Écrivez brièvement sur votre brouillon vos réponses au fur et à mesure de votre lecture.

- Répondez précisément à chaque question. Vérifiez qu'au sein d'une même question, vous avez répondu à tout ce qui vous était demandé.
- Vos réponses doivent être structurées et grammaticalement correctes ; utilisez le vocabulaire scientifique et médical approprié.
- Dans le cas d'une justification, vous devez expliquer pourquoi vous avez écrit cette affirmation.
- Vos schémas doivent être légendés et titrés, même si ce n'est pas précisé dans l'énoncé.
- Une analyse doit comporter une observation et une description du document (expériences, courbes, tableaux) dont vous pourrez ensuite dégager les éléments importants et donner une interprétation.
- N'oubliez pas de conclure.

L'appareil respiratoire

Fiche 1

1 L'organisation de l'appareil respiratoire

L'appareil respiratoire se compose des voies aériennes et des poumons.

A. Les voies aériennes

- Les voies aériennes comprennent les fosses nasales, le pharynx, le larynx, la trachée, l'arbre bronchique (bronches, bronchioles) et les alvéoles.
- Les fosses nasales permettent de réchauffer et de débarrasser l'air des poussières grâce à la présence de poils.
- Les poussières et les agents infectieux contenus dans l'air inspiré sont captés par le mucus. Grâce aux mouvements des cils présents sur l'épithélium, le mucus contenant ces particules remonte vers le pharynx où il est évacué dans l'œsophage. Le mucus contient également des substances antibactériennes.

Anatomie de l'appareil respiratoire

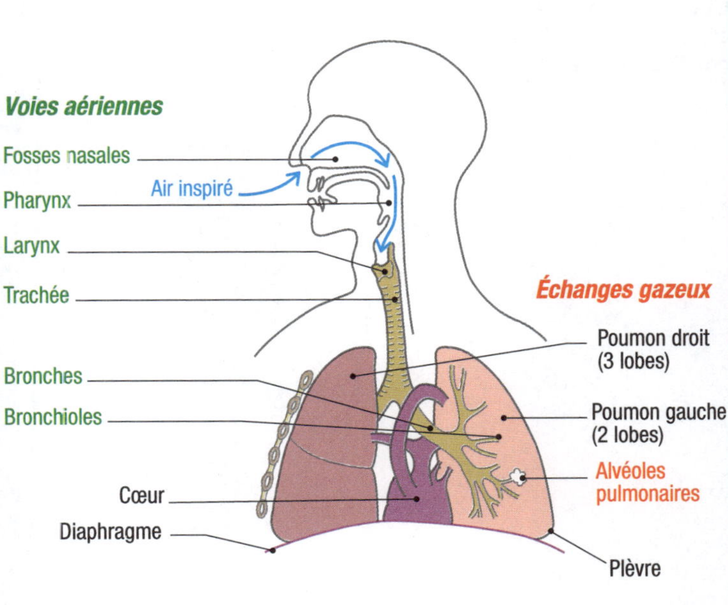

B. Les poumons

■ Les poumons sont situés dans la cage thoracique et composés de tissus spongieux et de fibres élastiques nécessaires aux mouvements inspiratoires et expiratoires. Ils sont entourés par une séreuse : la plèvre.

■ La plèvre est formée d'un feuillet viscéral adhérant aux poumons et d'un feuillet pariétal. Entre les deux se situe le liquide pleural, liquide permettant le glissement des deux feuillets.

■ Les poumons se divisent en lobes pulmonaires (trois à droite et deux à gauche), chacun se subdivisant en lobules contenant une bronchiole, une artériole et une veinule.

2 Les circulations sanguines

A. La circulation pulmonaire

La circulation pulmonaire permet les échanges gazeux. Le sang non hématosé, c'est-à-dire riche en dioxyde de carbone (CO_2), arrivant des artères pulmonaires est hématosé au niveau des alvéoles pulmonaires et ressort riche en dioxygène (O_2) par les veines pulmonaires pour se diriger vers le cœur.

B. La circulation systémique

La circulation systémique permet, par l'intermédiaire des artères et veines bronchiques, l'apport nutritionnel des cellules pulmonaires et le rejet des déchets.

Agrandissement d'un lobule pulmonaire

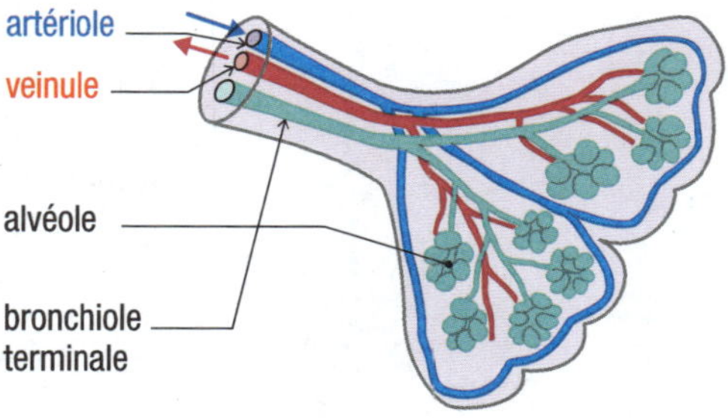

L'histologie de la trachée et des bronches

Fiche 2

1 L'arbre bronchique

Les voies aériennes sont constituées de plusieurs tuniques : la muqueuse, la sous-muqueuse, la tunique moyenne et l'adventice. Elles sont vascularisées et innervées au niveau de l'adventice.

A. La trachée

■ La trachée est située devant l'œsophage. Elle est caractérisée par la présence d'anneaux de cartilage (16 à 20) reliés entre eux par une membrane élastique. Ils permettent de maintenir ouvertes les voies respiratoires.

■ Sa muqueuse est tapissée de cils et de mucus. Le mucus est sécrété par les cellules caliciformes et les glandes séro-muqueuses. Il capte les poussières et micro-organismes contenus dans l'air qui seront évacués grâce au mouvement des cils de l'épithélium.

Représentation d'une coupe de trachée

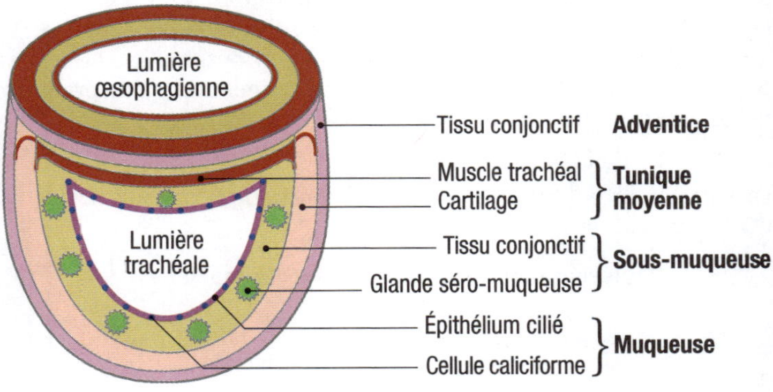

B. Les bronches

Les bronches sont issues de la ramification de la trachée. Chaque bronche souche se ramifie en bronches lobaires puis en bronchioles. Elles ont une composition voisine de celle de la trachée. Le cartilage est devenu discontinu. Les fibres musculaires lisses régulent le flux respiratoire par bronchoconstriction (diminution du diamètre) ou bronchodilatation (augmentation du diamètre) des voies respiratoires.

Représentation d'une coupe de bronche

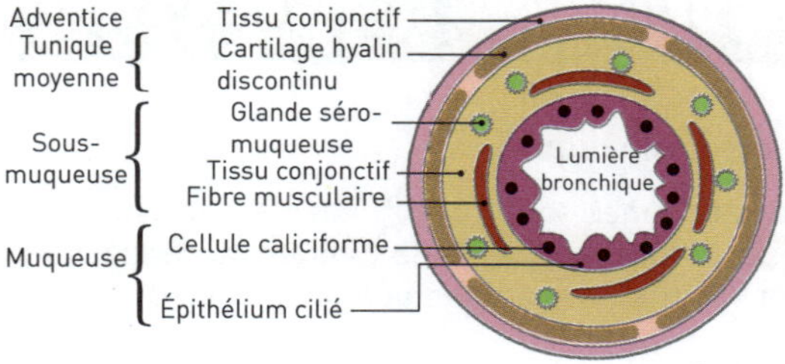

■ Les bronchioles sont constituées uniquement d'un épithélium cilié (les cils disparaissant aux niveaux des bronchioles terminales), de fibres musculaires lisses et de tissu conjonctif.

2 La barrière alvéolo-capillaire

A. Les alvéoles

■ Les alvéoles sont de petites cavités formant des sacs alvéolaires situés à l'extrémité d'une bronchiole terminale. Leur paroi est très fine et contient de nombreux capillaires sanguins. Elle est composée de pneumocytes I et de pneumocytes II, cellules sécrétant le surfactant. Le surfactant est une substance phospholipidique évitant aux parois alvéolaires d'adhérer entre elles.
■ Les macrophages alvéolaires assurent l'élimination des poussières et autres éléments étrangers.

B. Le rôle de la barrière

La barrière alvéolo-capillaire assure les échanges gazeux (O_2 et CO_2) entre l'air et le sang.

Représentation de la barrière alvéolo-capillaire

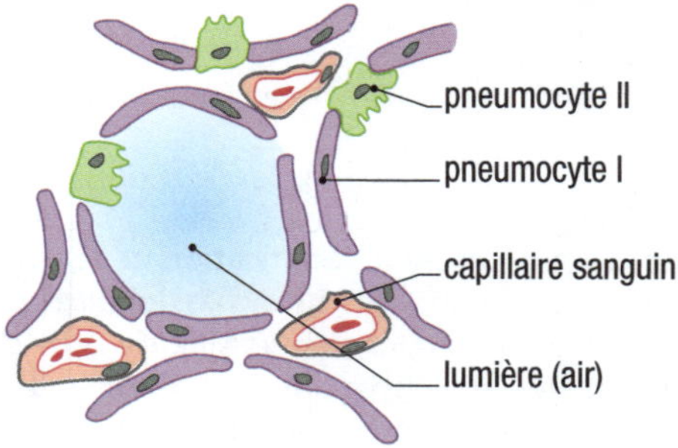

Le métabolisme cellulaire

1 Le métabolisme cellulaire

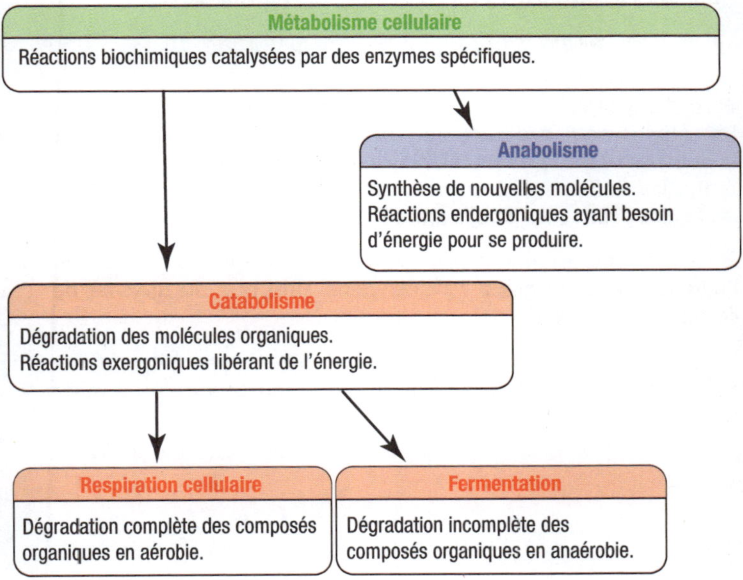

■ L'anabolisme permet la synthèse des constituants structuraux de la cellule comme sa membrane cytoplasmique, mais également de diverses molécules comme les hormones, les anticorps, les enzymes.

■ Le catabolisme permet la dégradation des glucides, lipides, protides fournis par l'alimentation afin de produire du glucose puis de l'énergie.

■ La respiration cellulaire fournira des quantités d'énergie plus importante que la fermentation.

2 La respiration cellulaire

A. Le but

■ La respiration cellulaire a pour but la production d'énergie utilisable par la cellule. Elle est issue du métabolisme des molécules organiques qui viennent de l'alimentation.

■ Cette énergie est nécessaire aux diverses activités de la cellule comme sa croissance, sa reproduction, ses synthèses.

B. La production d'énergie

■ Le dioxygène issu de la respiration pulmonaire est utilisé par les cellules pour produire de l'énergie sous forme d'adénosine triphosphate (ATP). Pour cela, la cellule dégrade dans un premier temps les aliments issus de la digestion en nutriments : le glucose, les acides gras et les acides aminés.

■ Au cours de ces réactions de dégradation totale du glucose, de l'eau est produite grâce au dioxygène ainsi que du dioxyde de carbone et de l'ATP.

■ Cette production d'énergie (respiration cellulaire) a lieu principalement dans la mitochondrie, d'où son importance au sein de la cellule.

$$C_6H_{12}O_6 + 6O_2 \rightarrow 6H_2O + 6CO_2 + \text{énergie (38 molécules d'ATP)}$$

Les échanges gazeux

Fiche 4

1 Le lieu des échanges

A. Les poumons

Les poumons assurent l'apport en dioxygène (O_2) dans le sang et le rejet en dioxyde de carbone (CO_2) dans les alvéoles pulmonaires. Ces échanges pulmonaires ou hématose ont lieu au travers de la barrière alvéolo-capillaire. Les gaz sont ensuite transportés par voie sanguine jusqu'aux cellules.

B. Les organes

Au niveau tissulaire, les échanges gazeux entre le sang et les cellules (apport d'O_2 à la cellule et rejet du CO_2 dans le sang) permettent la respiration cellulaire.

2 La diffusion des gaz respiratoires

A. La loi de diffusion

- Les gaz respiratoires diffusent par diffusion simple sans apport d'énergie. Les gaz diffusent d'une zone de haute pression vers une zone de basse pression jusqu'à équilibre des pressions.
- Cette diffusion est facilitée au niveau pulmonaire par les caractéristiques de la barrière alvéolo-capillaire, qui contient de très nombreux capillaires sanguins. Les parois vasculaires et alvéolaires sont très fines et représentent une importante surface d'échanges.
- Au niveau des organes, les cellules sont en contact avec de nombreux capillaires sanguins ; la finesse de la membrane cytoplasmique et de l'endothélium vasculaire va également favoriser la diffusion des gaz.

B. Les échanges gazeux au niveau des poumons

- La pression partielle en O_2 (PO_2) du sang artériel, c'est-à-dire du sang non hématosé (5,3 kPa) est inférieure à celle des alvéoles (14 kPa). D'après la loi de diffusion, l'O_2 diffuse des alvéoles pulmonaires dans les capillaires sanguins jusqu'à équilibre des pressions de chaque côté de la paroi alvéolo-capillaire. Le sang riche en O_2 quitte alors les poumons *via* les veines pulmonaires.
- La PCO_2 dans le sang artériel (6,1 kPa) est plus élevée que la PCO_2 des alvéoles (5,3 kPa). D'après la loi de diffusion, le CO_2 va diffuser des capillaires sanguins dans les alvéoles pulmonaires jusqu'à équilibre des pressions, puis il sera expiré.

C. Les échanges gazeux au niveau des tissus

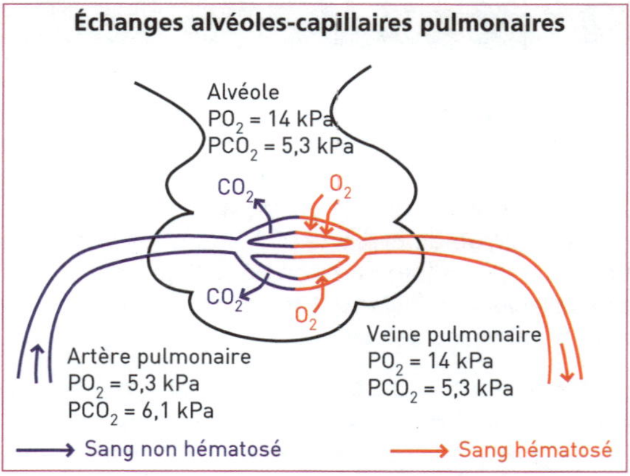

■ La PO_2 du sang artériel (14 kPa) est plus élevée que celle des cellules (4 kPa). D'après la loi de diffusion des gaz, l'O_2 va diffuser des capillaires sanguins vers les cellules jusqu'à équilibre des pressions.

■ La PCO_2 dans la cellule (6,1 kPa) est plus élevée que celle du sang artériel (5,3 kPa). D'après la loi de diffusion, le CO_2 va diffuser de la cellule vers les capillaires sanguins jusqu'à équilibre des pressions. Le sang quitte les cellules, riche en CO_2, pour se diriger vers les veines caves.

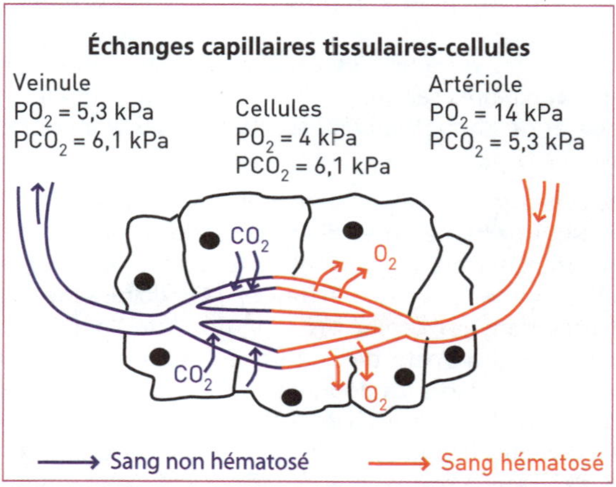

Le transport des gaz respiratoires

Fiche 5

1 Le transport de l'O_2

A. L'hémoglobine

■ Les hématies sont des cellules sanguines anucléées contenant principalement dans le cytoplasme une hétéroprotéine appelée l'hémoglobine (Hb). Celle-ci va assurer le transport de l'O_2 dans le sang.

■ L'hémoglobine est formée de quatre monomères de globine identiques deux à deux. Au sein de chaque monomère, se situe la molécule d'hème renfermant en son centre un atome de fer ferreux Fe^{2+}.

Schéma de l'hémoglobine

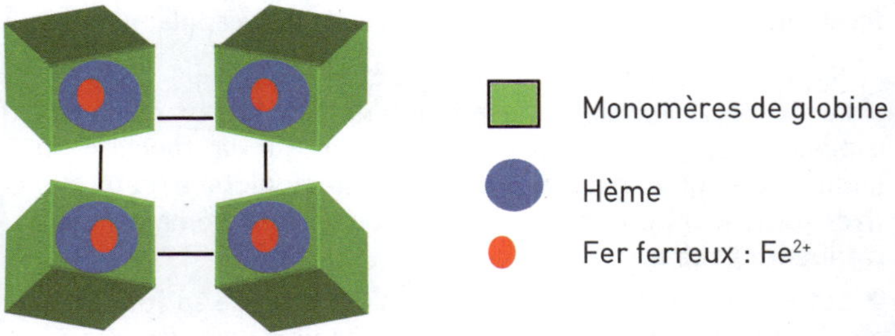

■ L'O_2 va se fixer sur l'atome de fer ferreux Fe^{2+}. L'hémoglobine peut donc fixer de une à quatre molécules d'O_2 de manière réversible sur le fer ferreux. Elle est dite saturée lorsque quatre molécules d'O_2 sont fixées. Elle se nomme alors l'oxyhémoglobine.

■ Équation de liaison de l'O_2 sur l'hémoglobine :

$$\text{Hb} + 4\,O_2 \underset{\text{Libération de l'}O_2}{\overset{\text{Liaison de l'}O_2}{\rightleftharpoons}} \text{Hb}(O_2)_4$$

oxyhémoglobine

■ La liaison de l'O_2 sur l'hémoglobine a lieu au niveau des capillaires sanguins des alvéoles pulmonaires ; la libération de l'O_2 a lieu au niveau des capillaires sanguins tissulaires.

à détacher Vu !

B. La forme dissoute

2 % de l'O_2 passent de la forme gazeuse à une forme dissoute lorsque l'O_2 traverse la barrière alvéolo-capillaire et est transporté sous cette forme dans le plasma.

C. Le monoxyde de carbone (CO)

Le monoxyde de carbone est un gaz inodore et présent dans la fumée de cigarette, les gaz d'échappements, les chaudières. Il peut également se fixer sur le fer ferreux à la place de l'O_2, ce qui provoque une hypoxie puis une asphyxie pouvant conduire au décès. Son affinité pour l'hémoglobine est plus importante que celle de l'O_2.

2 Le transport du CO_2

A. La forme dissoute

Le CO_2 passe par diffusion simple de la cellule au plasma, où il sera transporté sous une forme dissoute (8 %). Il repassera sous sa forme gazeuse au travers de la barrière alvéolo-capillaire.

B. La forme combinée à l'hémoglobine

- Le CO_2 se combine à l'hémoglobine (25 %) au niveau des capillaires sanguins tissulaires. Il se fixe sur la fonction NH_2 (amine) du monomère de globine. L'hémoglobine peut donc fixer jusqu'à quatre molécules de CO_2. Elle se nomme alors la carbhémoglobine.
- Cette réaction est réversible et le CO_2 retrouve sa forme libre au niveau des capillaires sanguins pulmonaires pour diffuser dans les alvéoles.

C. La forme hydratée

Le CO_2 est hydraté grâce à l'anhydrase carbonique (67 %) dans le cytoplasme des hématies. Il se transforme alors en ions hydrogénocarbonate HCO_3^-. Il est transporté ainsi jusqu'aux alvéoles et sera retransformé en CO_2 au sein de l'hématie.

Les facteurs influençant la fixation de l'O_2

Fiche 6

La PO_2, la PCO_2, la température et le pH influencent la saturation de l'hémoglobine en O_2 en modifiant sa structure tridimensionnelle. Ces changements de conformation permettent de saturer l'hémoglobine au niveau pulmonaire et de libérer plus ou moins d'O_2 au niveau cellulaire en fonction des besoins de l'organisme.

1 L'influence de la PO_2 (courbe 1)

A. La saturation de l'hémoglobine

- La fixation de l'O_2 sur l'hémoglobine dépend de la PO_2 mais elle ne lui est pas proportionnelle. Plus la PO_2 augmente, plus le pourcentage de saturation en O_2 augmente rapidement pour ensuite se stabiliser à 98 % lorsque la PO_2 atteint 12 kPa.
- Plus la PO_2 augmente, plus l'affinité de l'hémoglobine pour l'O_2 est importante ; celle-ci fixe donc de plus en plus d'O_2. L'hémoglobine est saturée quand elle contient quatre molécules d'O_2 sur le fer ferreux.

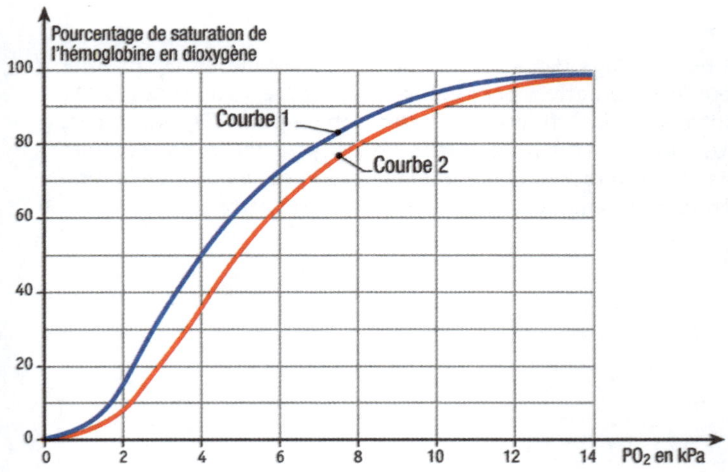

B. L'affinité de l'hémoglobine pour l'O_2

- Pour une PO_2 sanguine alvéolaire de 14 kPa, l'hémoglobine est saturée à 98 %. Elle présente une grande affinité pour l'O_2, d'où une fixation importante de l'O_2.

à détacher Vu !

■ La prise en charge de l'O_2 est maximale au niveau pulmonaire pour permettre ensuite son transport et sa distribution aux tissus.

■ Pour une PO_2 sanguine tissulaire de 5,3 kPa, la saturation n'est plus que de 65 %. L'hémoglobine présente alors une faible affinité pour l'O_2. L'O_2 se détache. Ceci permet, au niveau des tissus, de libérer l'O_2 de l'hémoglobine afin qu'il puisse diffuser dans les cellules.

2 Lors d'un exercice musculaire (courbe 2)

Lors d'un effort musculaire, les besoins en O_2 sont augmentés afin d'alimenter les muscles et la peau. Suite à l'effort, l'organisme va produire de la chaleur ; la température augmente. Les cellules, de par leur activité, vont fabriquer plus de CO_2, entraînant une augmentation de la PCO_2 et une diminution du pH.

A. Au niveau pulmonaire (PO_2 = 14 kPa)

L'hémoglobine fixera la même quantité d'O_2 (le pourcentage de saturation est identique à celui de quelqu'un au repos à 98 %). La PCO_2, le pH et la température n'ont pas d'influence sur la saturation de l'Hb en O_2 au niveau pulmonaire.

B. Au niveau tissulaire (PO_2 = 5,3 kPa)

Le pourcentage de saturation de l'hémoglobine en O_2 est inférieur lors d'un effort par rapport à celui observé au repos (50 % contre 65 %). L'affinité de l'hémoglobine pour l'O_2 étant alors plus faible, une quantité supérieure d'O_2 sera délivrée aux cellules lors d'un effort musculaire (augmentation de la PCO_2, de la température et diminution du pH) afin d'assurer cette activité.

La radiographie et la scanographie

Fiche 7

1 La radiographie

A. Le principe

■ La radiographie est fondée sur l'absorption différentielle des rayons X. Les rayons X émis traversent la zone à étudier et sont plus ou moins absorbés selon les différents tissus. Les rayons X non absorbés sont recueillis sur un film photographique.

■ Les zones opaques aux rayons X, c'est-à-dire qui absorbent les rayons X, comme les os, apparaissent claires : on les nomme des opacités.

■ Les zones transparentes aux rayons X, c'est-à-dire qui n'absorbent pas les rayons X, comme les poumons, apparaissent foncées : on les nomme des clartés.

■ Les cavités de l'organisme remplies d'air ou de liquide comme le tube digestif, l'utérus et les trompes, les vaisseaux sanguins, peuvent être visualisées grâce à cette technique. Pour cela, on utilise des produits de contraste spécifiques de l'organe à étudier. Ceux-ci vont rendent opaques aux rayons X les structures à étudier. Ces produits (iode, baryum) sont ingérés, inhalés ou injectés par intraveineuse en fonction des organes à observer.

Radiographie A : poumon sain

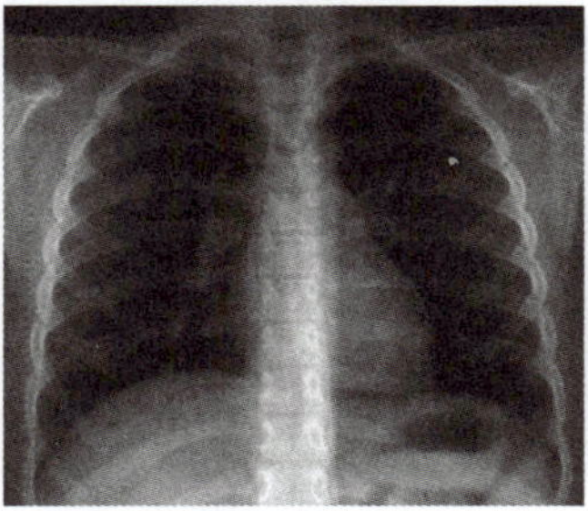

Radiographie B : les flèches montrent des nodules pulmonaires

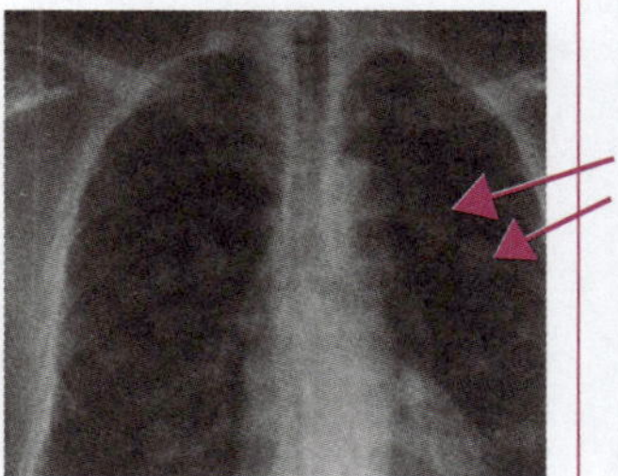

B. L'intérêt

■ La radiologie permet d'observer des organes durs ou de densités différentes visibles par contraste (ex. : les poumons et la cage thoracique).

■ Les pathologies respiratoires se traduisent par une modification des zones de clartés ou d'opacités.

■ Des opacités diffuses sont observables lors des fibroses pulmonaires (pneumonie, tuberculose, bronchite). Des opacités rondes révèlent la présence de nodules.

■ Des clartés diffuses révèlent une destruction du tissu pulmonaire (emphysème).

2 La tomodensitométrie ou scanographie

A. Le principe

■ La scanographie est une technique utilisant les rayons X et fournissant des coupes des organes. Elle est également fondée sur l'absorption différentielle des rayons X et utilise un système informatique composé d'un détecteur, d'un amplificateur et d'un ordinateur.

■ Le scanner tourne autour du patient en émettant des rayons X et fournit différentes coupes successives du corps. Cet examen peut faire appel à l'utilisation de produits de contraste afin de mieux visualiser l'organe.

B. L'intérêt

La scanographie est une technique plus précise permettant de visualiser la plupart des organes, de localiser les tumeurs et d'analyser les caractéristiques d'une opacité : taille, contour, position.

Scanographie pulmonaire : la flèche indique un nodule

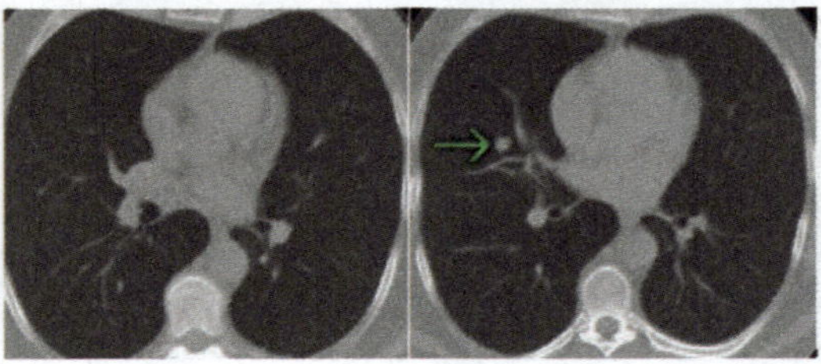

D'autres techniques d'exploration

Fiche 8

1 La fibroscopie

A. Le principe

■ La fibroscopie est fondée sur l'observation visuelle directe des organes et cavités *in situ*.

■ Le fibroscope, fibre souple munie d'un système optique et lumineux, est introduit par le nez ou la bouche. Il permet d'observer directement la muqueuse bronchique par vidéo.

B. L'intérêt

La fibroscopie permet également d'effectuer des prélèvements biopsiques pour réaliser ensuite des examens anatomopathologiques, c'est-à-dire des observations microscopiques des cellules prélevées. Des lavages broncho-alvéolaires sont réalisés sous fibroscopie afin de recueillir les sécrétions pulmonaires. Des gestes thérapeutiques comme l'extraction d'un corps étranger sont effectués avec l'aide du fibroscope.

Exemples de fibroscopies de l'appareil respiratoire

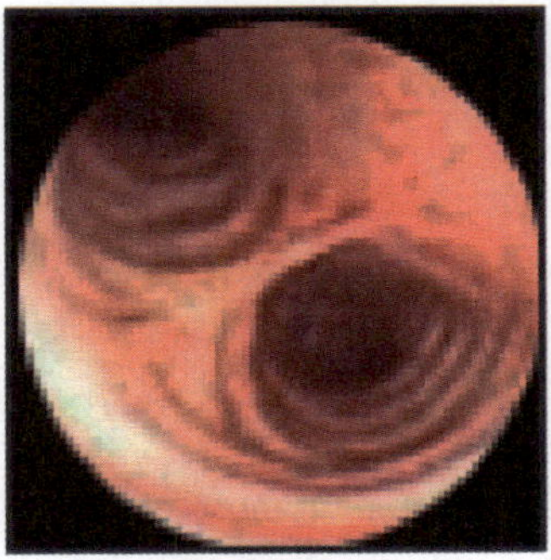

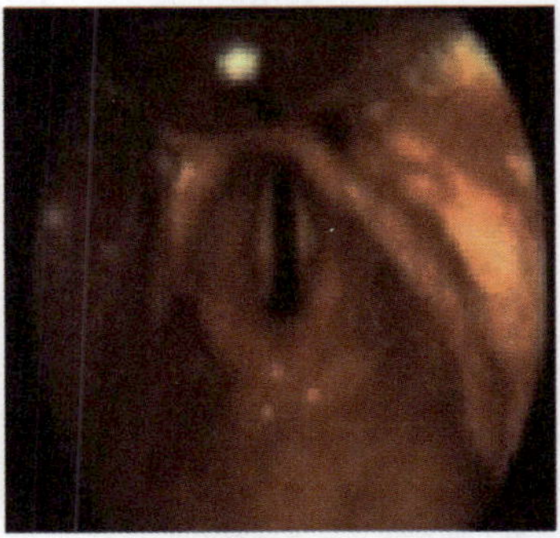

2 La spirométrie

A. Le principe

■ La spirométrie consiste à quantifier le volume d'air entrant et sortant des poumons grâce à un spiromètre. Le patient souffle dans l'appareil et différentes mesures sont effectuées dont on peut déduire le volume expiratoire maximum seconde (VEMS) et la capacité vitale forcée (CVF).

■ La CVF représente le volume gazeux maximal expiré suite à une inspiration forcée. Le VEMS est le volume d'air rejeté pendant la première seconde d'une expiration forcée.

B. L'intérêt

■ La spirométrie permet de détecter les syndromes obstructifs (diminution du diamètre des bronches : diminution du VEMS), les syndromes restrictifs (diminution de la surface d'échanges) ainsi que les syndromes de distension (augmentation de la surface d'échange).

■ Le calcul du rapport de Tiffeneau VEMS/CVF permet d'évaluer l'obstruction des bronches et la surface d'échanges. Il est normalement de 70 à 80 %.

Données d'une spirométrie : la capacité pulmonaire totale représente la capacité vitale et le volume résiduel

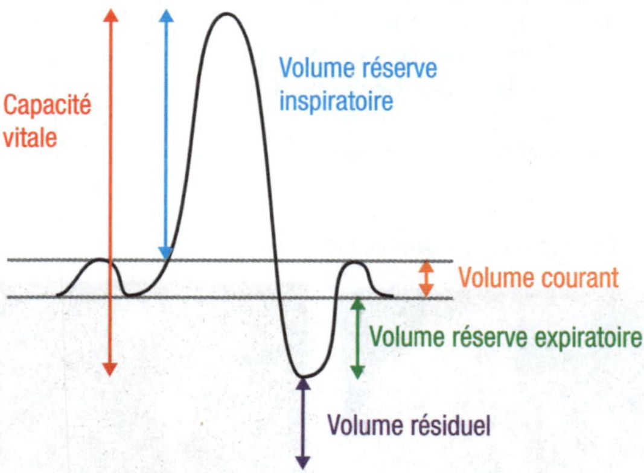

■ Le volume courant : quantité d'air entrant et sortant lors d'une respiration normale (500 mL).

■ La capacité vitale : volume d'air que l'on peut mobiliser (4,8 L).

■ Le volume réserve expiratoire : volume d'air que l'on est capable d'expirer en plus du volume courant (expiration forcée) (1,2 L).

■ Le volume réserve inspiratoire : volume d'air que l'on est capable d'inspirer en plus du volume courant (inspiration forcée) (3,1 L).

■ Le volume résiduel : volume d'air restant dans les alvéoles (1,2 L).

L'asthme

Fiche 9

1 La pathologie

A. La définition

L'asthme est une maladie inflammatoire chronique des bronches entraînant un rétrécissement du diamètre des voies respiratoires, d'où une diminution du flux d'air circulant au sein de ces voies. L'asthme se manifeste par des crises et des périodes asymptomatiques.

B. Les causes

De nombreux facteurs favorisent l'apparition de l'asthme. Ils entraînent une réaction inflammatoire au niveau de la muqueuse bronchique :

– respiration des allergènes comme la poussière (acariens), les poils de chat, le pollen, les moisissures ;
– ingestion d'aliments allergènes (gluten, arachide, kiwi) ;
– pollution de l'air, tabac, substances irritantes ;
– exercice physique intense, stress ;
– exposition professionnelle (farine, peinture).

C. La physiopathologie

■ On observe une broncho-constriction des muscles lisses des bronches, c'est-à-dire une contraction des cellules musculaires entraînant une diminution du diamètre des bronches, une sécrétion très accrue d'un mucus très visqueux, une inflammation de l'épithélium bronchique entraînant un œdème, c'est-à-dire une infiltration de liquide dans le milieu interstitiel entraînant le gonflement des tissus.

■ Tous ces mécanismes ont pour conséquence une obstruction partielle des bronches par diminution du diamètre.

D. Les principaux symptômes

Ils se manifestent par une toux persistante chronique ou prédominant la nuit, une respiration sifflante, une dyspnée, une bradypnée expiratoire, une sensation d'oppression thoracique. On observe également une tachycardie. Parfois lors d'une crise, on observe une hypoxie, d'où une cyanose.

2 Le diagnostic et les traitements

A. Le diagnostic

■ Il est réalisé suite à une radiographie et éventuellement une scanographie où l'on observe des opacités révélant un épaississement de la paroi bronchique, une fibroscopie où l'on visualise le rétrécissement des bronches et une spirométrie qui permet d'évaluer le volume d'air expiré. La spirométrie montre un rapport VEMS/CVF inférieur à 70 %. Le volume réserve expiratoire et la capacité vitale sont également diminués.

■ L'asthme est alors classé dans différentes catégories : intermittent, persistant léger, persistant modéré ou persistant sévère en fonction des symptômes et du VEMS.

B. Les traitements

■ Un traitement de fond pris de manière régulière est administré aux sujets asthmatiques afin de diminuer le nombre des crises et leur intensité. Ce traitement est à base d'anti-inflammatoires et de bronchodilatateurs.

■ L'administration d'un anti-inflammatoire permet de diminuer la sécrétion de mucus et l'œdème. L'inhalation d'un bronchodilatateur permet le relâchement des muscles bronchiques et une réouverture des bronches (augmentation du diamètre). Lors d'une crise, le sujet inhale un bronchodilatateur à effet immédiat.

■ De plus, il faut supprimer les facteurs déclenchants, voire effectuer une désensibilisation en cas d'asthme allergique. Une kinésithérapie respiratoire permet d'évacuer le mucus des voies respiratoires.

La mucoviscidose

Fiche 10

1 La pathologie

A. La définition

■ La mucoviscidose ou fibrose kystique du pancréas est une maladie génétique autosomale récessive due à des mutations du gène CFTR (*Cystic fibrosis transmembrane conductance regulator*) situé sur le chromosome 7.

■ Les modifications de la fonction des canaux chlore CFTR entraînent une déshydratation du mucus. Les glandes à mucus sécrètent un mucus très visqueux rendant plus difficile son évacuation par les cils. Il s'accumule dans les bronches, les voies digestives et génitales et conduit progressivement à leur obstruction. Les propriétés antibactériennes du mucus sont également diminuées.

B. Les signes cliniques

■ Au niveau digestif, le mucus trop abondant bouche les canaux pancréatiques, entraînant une diminution de l'excrétion des enzymes pancréatiques nécessaires à la digestion. La viscosité de la bile augmente, provoquant une obstruction des canaux biliaires. Ceci provoque un syndrome de malabsorption des nutriments ayant un retentissement sur le développement staturo-pondéral des enfants. On observe également des diarrhées, une cirrhose.

■ Au niveau pulmonaire, les symptômes débutent par une toux chronique sèche, puis grasse avec crachats et des difficultés expiratoires dues à l'hypersécrétion du mucus. On observe également une inflammation chronique des bronches avec surinfection bactérienne due à l'accumulation du mucus favorisant la prolifération bactérienne. Les lésions des poumons s'aggravent, aboutissant à une insuffisance respiratoire majeure.

■ Au niveau génital, les hommes présentent majoritairement une stérilité due à l'obstruction des canaux déférents et les femmes une diminution de leur fertilité due à une augmentation de la viscosité de la glaire cervicale.

à détach

2 Le diagnostic et les traitements

A. Le diagnostic

Le diagnostic peut être réalisé par :

– un test de la sueur : dosage du chlore présent dans la sueur du patient. Son taux est augmenté ;
– un génotypage : recherche de la présence de mutation sur le gène CFTR. Un dépistage néonatal systématique est mis en place depuis 2002. Un diagnostic anténatal ou préimplantatoire est proposé aux couples à risque.

B. Les traitements palliatifs

Les différents traitements palliatifs sont :

– la kinésithérapie respiratoire quotidienne, afin d'évacuer les crachats et de libérer les voies respiratoires ;
– l'antibiothérapie, pour lutter contre les infections bronchiques ;
– l'administration de mucolytiques, pour détruire le mucus ;
– l'administration de bronchodilatateurs, pour ouvrir les bronches et faciliter la respiration ;
– la prise en charge nutritionnelle, pour lutter contre les troubles digestifs (enzymes pancréatiques, régime hypercalorique, apport en vitamines et minéraux supplémentaires) ;
– la vaccination.

L'antibiothérapie

Fiche 11

1 L'antibiothérapie

A. La définition

L'antibiothérapie se définit comme la prise d'un traitement à base d'antibiotiques lors d'une infection bactérienne.

B. Les antibiotiques

- Les antibiotiques sont des molécules fabriquées par les bactéries, les champignons ou synthétisées en laboratoire. Elles ont une action bactéricide (capable de tuer), bactériolytique (lyse) ou bactériostatique (inhibition de la croissance) sur les bactéries.
- Leur utilisation doit s'effectuer à bon escient, c'est-à-dire uniquement lors d'une infection causée par des bactéries et ceci afin de diminuer les résistances des bactéries, c'est-à-dire leur capacité à se multiplier même en présence d'antibiotiques.
- L'utilisation abusive des antibiotiques a engendré chez les bactéries le développement de nouvelles souches résistantes. Les conséquences sont l'inefficacité des antibiotiques les plus courants ainsi que l'augmentation des infections, dont les infections nosocomiales.

2 L'antibiogramme

A. Le but

Lors d'une infection bactérienne, une recherche bactériologique peut être réalisée à partir des expectorations ou des lavages broncho-alvéolaires après expectorations. Elle permet ensuite d'effectuer un antibiogramme, c'est-à-dire un test de la sensibilité du germe vis-à-vis de différents antibiotiques pour établir le traitement le plus efficace possible.

B. La réalisation

- On ensemence la bactérie à étudier dans une boîte de Pétri à la surface d'un milieu de culture. On dépose ensuite 6 disques imprégnés de différents antibiotiques. Après incubation pendant 24 heures à 37 °C, on observe la croissance bactérienne autour des disques.

à détacher

■ Si l'antibiotique est efficace, il va détruire les bactéries et on observera une plage de lyse autour du disque, c'est-à-dire une zone transparente sans culture de bactérie.

■ Si l'antibiotique est inefficace, les bactéries vont se multiplier autour du disque.

C. Les résultats

■ On mesure le diamètre d'inhibition de la culture bactérienne autour de chaque disque d'antibiotique. On compare la valeur trouvée aux deux diamètres de référence (*d* et *D*) qui sont donnés pour chaque antibiotique.

■ Si ce diamètre d'inhibition est :

– inférieur à *d* : la bactérie est résistante à l'antibiotique ;

– supérieur à *D* : la bactérie est sensible à l'antibiotique ;

– compris entre *d* et *D* : la bactérie est dite intermédiaire.

Antibiogramme

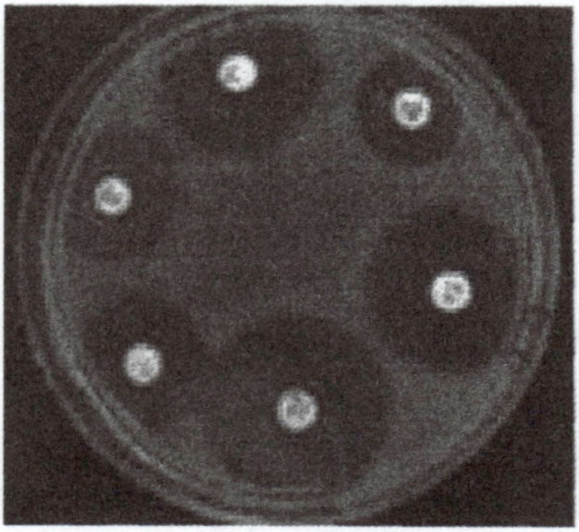

Le tabagisme

Fiche 12

1 Le tabagisme

A. La définition

Le tabagisme est une intoxication par consommation régulière de tabac. L'intoxication est due à l'inhalation directe de la fumée (tabagisme actif) ou à l'inhalation des rejets de fumée (tabagisme passif).

B. Les conséquences de la fumée du tabac

■ Le tabac se consomme principalement sous forme de cigarettes. Les nombreuses substances toxiques inhalées vont se fixer directement dans les poumons ou passer dans le sang. Les atteintes sont donc multiples :
– atteintes du système respiratoire : dyspnée, toux sèches, bronchites chroniques, hémoptysies, infections respiratoires ;
– atteintes du système cardiovasculaire : hypertension artérielle, athérosclérose, angine de poitrine, infarctus du myocarde ;
– atteintes du système digestif : gastralgies dues à un ulcère gastrique, cancer ;
– atteintes du système urinaire : cancer de la vessie.

■ Le tabagisme passif est responsable de troubles respiratoires (aggravation de l'asthme, bronchite) et d'affections de la sphère ORL. Il favorise les cancers des voies respiratoires. Chez les enfants, il augmente les infections de la sphère otorhinolaryngée, les bronchiolites, les crises d'asthme.

2 Les effets de quelques substances nocives

A. Les effets de la nicotine

■ La nicotine a un effet psycho-actif. Elle stimule le système nerveux et le rend dépendant. Elle accentue l'état d'éveil par libération d'adrénaline. Elle provoque une sensation de détente, de plaisir et une diminution de l'anxiété. Elle entraîne une augmentation de la fréquence cardiaque et de la pression artérielle, favorisant l'athérosclérose, d'où les thromboses, les angors et infarctus du myocarde.

■ Les femmes sont exposées à des risques accrus d'ostéoporose et d'atteintes cardiovasculaires lors de la prise de la pilule contraceptive.

B. Les effets du goudron

■ Le goudron se colle sur la paroi des voies respiratoires, pénètre dans la muqueuse et se fixe sur l'ADN. Avec le temps, les cellules épithéliales se modifient et perdent le contrôle de leur division. Des cancers des voies respiratoires et des poumons se développent.

■ Le goudron détruit les macrophages alvéolaires, entraînant une diminution de la défense immunitaire.

■ Le goudron entraîne la transformation du fer ferreux contenu dans l'hémoglobine (Hb) en fer ferrique, rendant l'hémoglobine incapable de transporter l'O_2 aux cellules. On observe alors une hypoxie et une ischémie myocardique.

C. Les effets du monoxyde de carbone

Le monoxyde de carbone pénètre dans le sang à travers la paroi des alvéoles. Il se fixe sur le fer ferreux dans l'hémoglobine (Hb) au même niveau que l'O_2, réduisant la capacité des hématies à transporter l'O_2 aux cellules. Il entraîne une hypoxémie et une hypoxie. L'augmentation de la fréquence respiratoire et cardiaque provoque alors des essoufflements, des toux et des risques cardiovasculaires (angor, infarctus du myocarde).

D. Les effets des irritants

L'acétone, les phénols et l'acide cyanhydrique agressent les parois des bronches. Les cils sont paralysés et détruits. La production accrue et l'accumulation du mucus dues à l'irritation de la muqueuse rétrécissent les voies respiratoires et entraînent toux et dyspnée. Le mucus devient un terrain favorable aux infections bactériennes. Les irritants détruisent également les alvéoles pulmonaires, provoquant un emphysème.

Le cœur

1 L'anatomie du cœur

A. La description

■ Le cœur est un muscle creux situé au niveau du médiastin entre les deux poumons. Il comprend deux hémicœurs droit et gauche formés chacun de deux cavités : une oreillette et un ventricule. Chaque oreillette communique avec le ventricule par l'intermédiaire des valvules auriculo-ventriculaires. Leur fermeture empêche le reflux du sang dans l'oreillette lors de la contraction des ventricules.

■ Les valvules sont attachées à la paroi du ventricule grâce aux cordages tendineux. D'autres valvules, les valvules sigmoïdes, sont situées entre les ventricules et les artères pulmonaires et aorte. Leur fermeture empêche également le sang de refluer dans les ventricules.

Schéma du cœur et circulation du sang

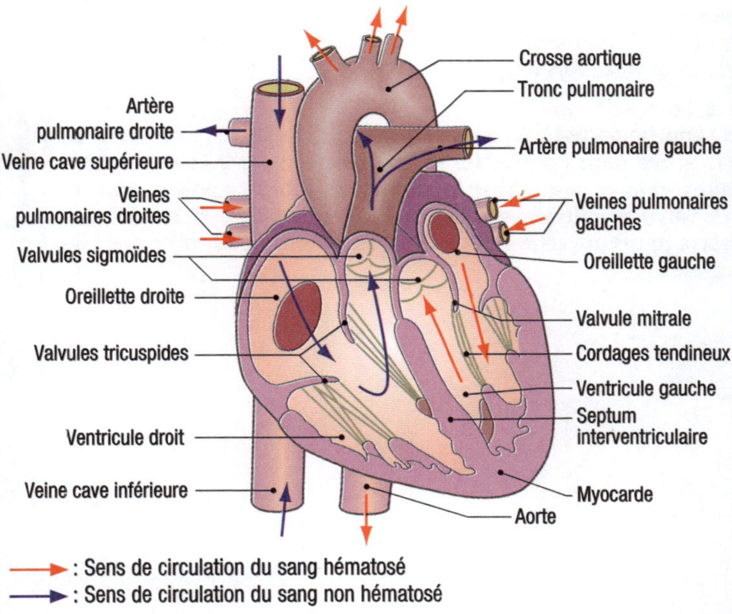

- Les deux hémicœurs se contractent en même temps afin d'expulser le sang vers les poumons et dans tout l'organisme. Le sang arrive dans les oreillettes par les veines et ressort des ventricules par les artères.
- Le cœur est vascularisé par les vaisseaux coronaires.

B. Les enveloppes et tuniques

- Le cœur est entouré par une séreuse appelée le péricarde et comprend trois tuniques :

– l'**épicarde** : feuillet viscéral du péricarde ;
– le **myocarde** : tissu musculaire capable de se contracter ;
– l'**endocarde** : endothélium tapissant les cavités du cœur.

- Au niveau histologique, le cœur est constitué de cellules musculaires striées cardiaques, les myocytes, et de cellules nodales, capables d'auto-excitation.

2 La circulation du sang au sein du cœur

A. Le sang non hématosé

Le sang non hématosé, c'est-à-dire le sang riche en CO_2 et pauvre en O_2, arrive dans l'oreillette droite par les veines caves supérieure et inférieure, puis il passe dans le ventricule droit après ouverture des valvules tricuspides ou auriculo-ventriculaires (VAV). Il ressort par l'artère pulmonaire après ouverture des valvules sigmoïdes (VS) pour aller vers les poumons.

B. Le sang hématosé

Le sang hématosé, c'est-à-dire le sang riche en O_2 et pauvre en CO_2, arrive dans l'oreillette gauche par les quatre veines pulmonaires, puis il passe dans le ventricule gauche après ouverture des valvules mitrales ou auriculo-ventriculaires. Il ressort par l'aorte après ouverture des valvules sigmoïdes pour aller dans les organes.

L'automatisme cardiaque

Fiche 14

1 Le tissu nodal

A. La description

Un cœur isolé est capable de battre sans l'influence du système nerveux. Le cœur contient, en plus des cellules musculaires, du tissu nodal formé de cellules auto-excitables. Ces cellules nodales se dépolarisent spontanément et rythmiquement, engendrant un influx nerveux se propageant à l'ensemble du tissu nodal et entraînant ainsi la contraction des cellules musculaires des oreillettes puis des ventricules. C'est l'automatisme cardiaque.

Le tissu nodal

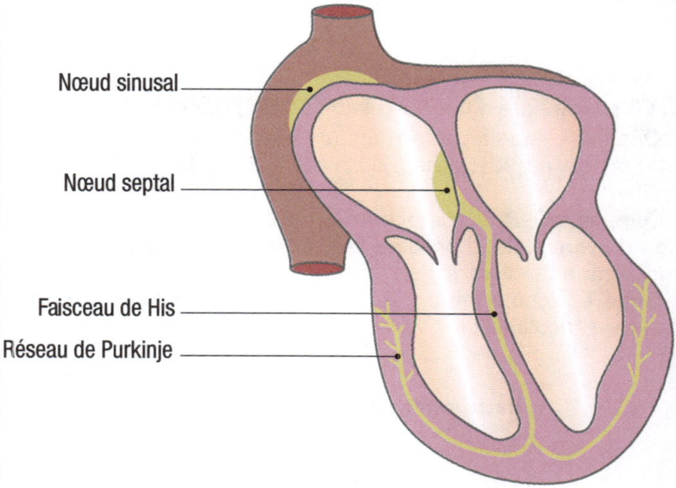

B. La propagation de l'excitation

Le potentiel d'action naît au niveau du nœud sinusal (centre rythmogène ou *pace maker*). On observe à ce niveau 75 dépolarisations par minute. L'influx nerveux se propage ensuite au nœud septal. Celui-ci a la capacité de se dépolariser 50 fois par minute. L'influx est alors retardé pour permettre aux oreillettes de se contracter. L'influx nerveux atteint ensuite le faisceau de His (30 dépolarisations par minute) et le réseau de Purkinje, entraînant la contraction des ventricules.

à détacher Vu !

2 L'électrocardiographie

A. L'électrocardiogramme

■ L'électrocardiogramme (ECG) est l'enregistrement graphique de l'activité électrique du myocarde grâce à des électrodes disposées sur la peau autour du cœur, aux poignets et aux chevilles.

■ L'ECG permet l'étude des modifications de la fréquence ou de l'intensité des phénomènes électriques (tachycardie, bradycardie, arythmie). Il permet le dépistage des troubles ischémiques du myocarde (ondes QRS modifiées), des coronaropathies ainsi que le suivi des patients ayant des antécédents cardiaques ou présentant un accident aigu.

■ Le Holter est une méthode de mesure de l'activité électrique du cœur en continu sur 24 heures grâce à un appareil portatif. Il permet d'observer les troubles du rythme, d'évaluer l'efficacité d'un traitement, d'évaluer l'importance d'une insuffisance coronarienne dans la vie quotidienne.

B. Le tracé

L'ECG se compose d'une succession de cinq ondes P, Q, R, S, T.

– Onde P : dépolarisation des oreillettes suite à une auto-excitation du nœud sinusal. Elle va entraîner la contraction des oreillettes.

– Complexe Q, R, S : repolarisation des oreillettes et dépolarisation du ventricule. Il précède le relâchement des oreillettes et la contraction des ventricules.

– Onde T : repolarisation du ventricule. Elle précède le relâchement ventriculaire.

Électrocardiogramme d'un sujet sain

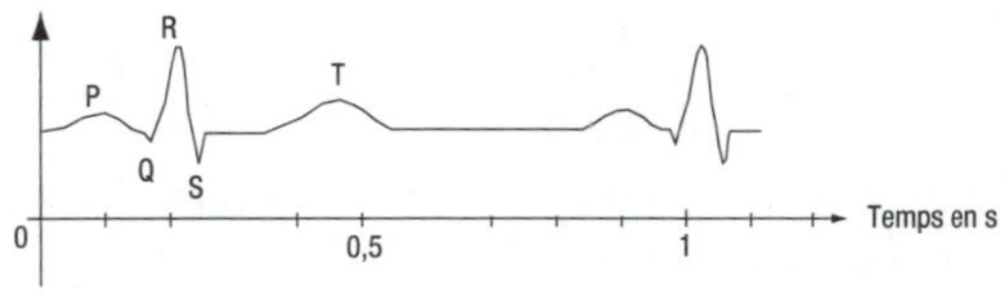

L'activité mécanique

Fiche 15

1 La révolution cardiaque

Chaque cycle cardiaque est appelé révolution cardiaque. Elle est composée de la succession d'une systole (contraction) et d'une diastole (relâchement) des oreillettes et des ventricules.

Une révolution cardiaque

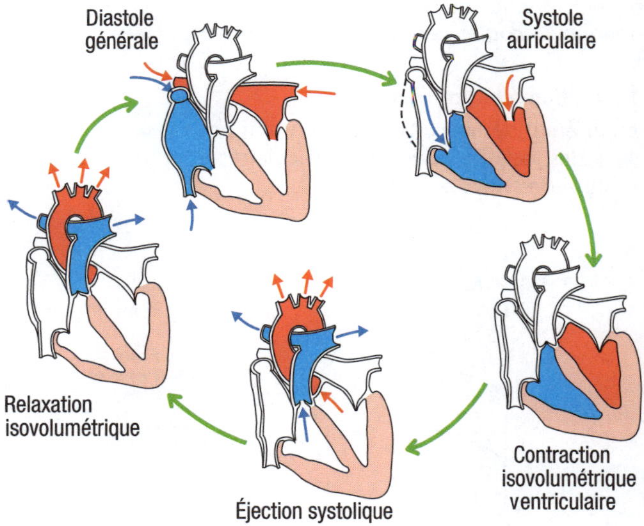

2 Les cardiogrammes

A. Le barocardiogramme

■ 1) **Systole auriculaire** : remplissage des ventricules. L'oreillette se contracte, entraînant l'augmentation de la pression auriculaire. Le sang restant dans l'oreillette est expulsé dans le ventricule. Les oreillettes vont ensuite se relâcher.

■ 2) **Systole ventriculaire** : phase de contraction isovolumétrique ventriculaire. Le ventricule se contracte. La pression dans le ventricule augmente. Cette pression devient supérieure à la pression dans l'oreillette, les valvules auriculo-ventriculaires se ferment. Le sang est enfermé et comprimé dans le ventricule.

■ 3) **Systole ventriculaire** : phase d'éjection systolique. La pression dans le ventricule continue à augmenter, elle devient supérieure à celle de l'aorte. Les valvules sigmoïdes s'ouvrent et le sang est expulsé dans l'artère.

■ 4) **Début de diastole** : relaxation isovolumétrique. Les ventricules se relâchent, la pression diminue, elle devient inférieure à celle de l'aorte. Les valvules sigmoïdes se ferment. Le ventricule est à nouveau entièrement fermé.

■ 5) **Diastole générale**. Pendant la systole ventriculaire, les oreillettes se sont remplies de sang. La pression auriculaire augmente. La pression ventriculaire devient inférieure à la pression auriculaire, entraînant l'ouverture des valvules auriculo-ventriculaires. Le sang va s'écouler passivement dans les ventricules.

B. Le phonocardiogramme

Le cœur émet deux bruits correspondant pour le premier à la fermeture des valvules auriculo-ventriculaires et pour le second à la fermeture des valvules sigmoïdes.

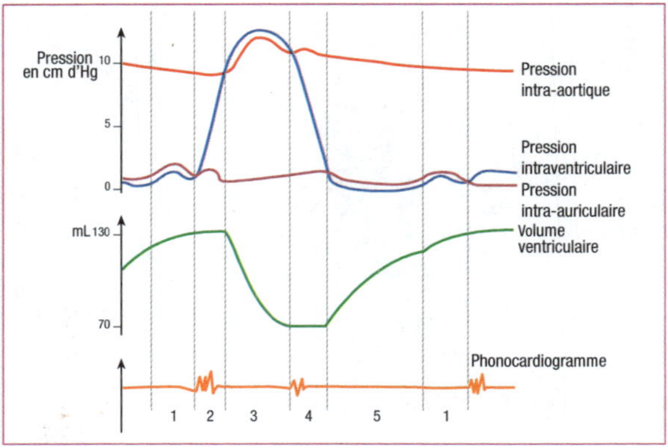

C. Quelques définitions

■ La **fréquence cardiaque** : nombre de révolutions cardiaques par minute (72 battements/min).

■ Le **débit cardiaque** : volume de sang éjecté par chaque ventricule en une minute (5 L/min).

■ Le **volume d'éjection systolique** : volume de sang éjecté lors de la systole ventriculaire par chaque ventricule (70 mL).

La circulation du sang dans les vaisseaux

Fiche 16

1 Le système circulatoire

Le système circulatoire comprend avec le cœur la circulation pulmonaire et la circulation systémique. Ces deux circulations sont assurées en même temps par les hémicœurs droit et gauche.

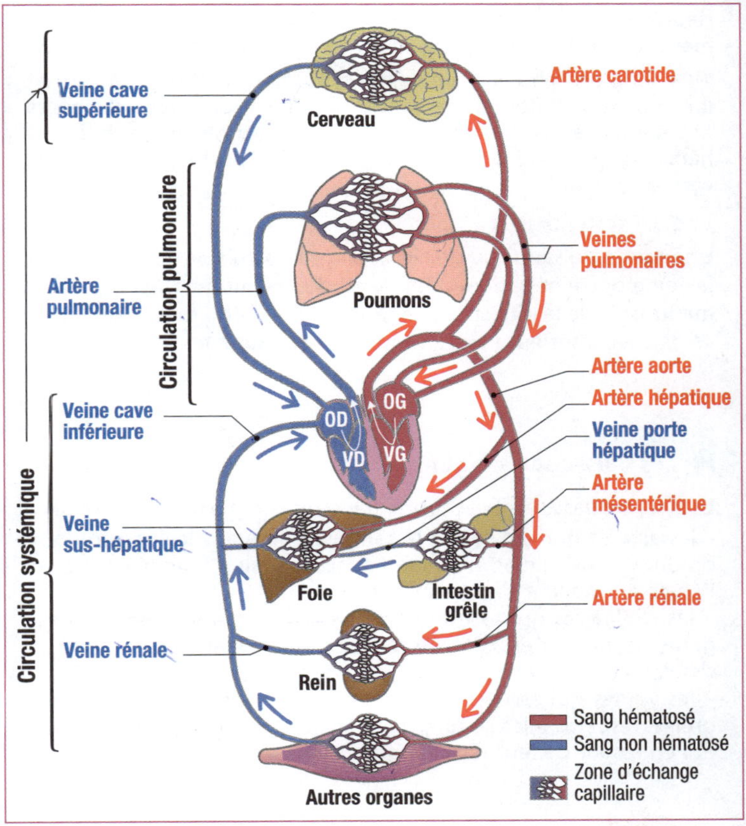

A. La circulation pulmonaire

■ La circulation pulmonaire comprend les artères pulmonaires droites et gauches ainsi que les quatre veines pulmonaires. Elle permet l'hématose, c'est-à-dire l'oxygénation du sang au niveau des alvéoles pulmonaires, mais également le rejet du CO_2. Les artères pulmonaires issues du ventricule droit et leurs ramifications transportent le sang non hématosé (pauvre en O_2 et riche en CO_2) jusqu'aux poumons.

■ Le sang devient hématosé (riche en O_2 et pauvre en CO_2) au niveau des capillaires sanguins pulmonaires et est ensuite transporté par les veines pulmonaires jusqu'à l'oreillette gauche.

B. La circulation systémique

■ La circulation systémique est composée de l'aorte, des artères irriguant chaque organe, des veines caves supérieures et inférieures et de leurs ramifications. Elle permet l'apport en nutriments et en O_2 à tous les organes et le rejet des déchets et du CO_2.

■ Le sang contenu dans les veines systémiques est non hématosé. Il retourne vers l'oreillette droite *via* les veines caves inferieures et supérieures. Le sang circulant dans les artères systémiques est hématosé. Il quitte le ventricule gauche *via* l'aorte pour se diriger vers les organes.

C. Le système porte

Une partie du sang issu de l'intestin grêle se dirige vers le foie *via* la veine porte hépatique afin de stocker et métaboliser les nutriments issus de la digestion. Ce sang est non hématosé et rejoint la veine cave inférieure *via* la veine sus-hépatique en sortie de foie.

2 Les vaisseaux sanguins

Le système vasculaire est formé par trois catégories de vaisseaux :
– les artères qui véhiculent le sang issu des ventricules jusqu'aux organes. Plus elles s'éloignent du cœur, plus leur diamètre et l'épaisseur de leur paroi diminuent ;
– les capillaires qui assurent les échanges en nutriments, dioxygène, déchets et dioxyde de carbone aux niveaux pulmonaire et tissulaire ;
– les veines qui assurent le retour du sang des organes vers les oreillettes. Plus elles se rapprochent du cœur, plus leur diamètre et l'épaisseur de leur paroi augmentent.

L'histologie et les propriétés des vaisseaux

Fiche 17

1 L'histologie

A. Quelques généralités

■ La paroi des artères et veines se compose de trois couches : l'intima, la média et l'adventice.

■ L'intima est la couche interne en contact avec le sang. Elle est formée d'un endothélium et d'une lame basale.

■ La média est la couche moyenne. Elle est constituée de cellules musculaires lisses, de fibres élastiques et de fibres de collagène en quantité variable selon le type de vaisseau.

■ L'adventice est la couche externe. Elle est constituée principalement de fibres de collagène et de fibres élastiques. Elle joue un rôle protecteur.

B. Les différents vaisseaux sanguins

■ Les artères : elles présentent une paroi rigide et une média épaisse. La média contient pour les artères élastiques de nombreuses fibres élastiques permettant de supporter et de compenser les variations de la pression sanguine, et pour les artères musculaires de nombreuses fibres musculaires permettant la vasomotricité des vaisseaux. Elle est entourée par deux couches de fibres élastiques (limitante élastique interne et limitante élastique externe).

■ Les capillaires : ils sont constitués uniquement de l'intima. Certains capillaires possèdent des sphincters qui peuvent s'ouvrir ou se fermer en fonction des besoins tissulaires.

■ Les veines : elles ont une paroi fine et lâche. L'adventice est plus épaisse, la média plus fine et la lumière plus grande que celle des artères. Elles possèdent des valvules pour éviter le reflux sanguin et faciliter le retour veineux.

2 Les propriétés hémodynamiques

A. L'élasticité

■ Suite à l'éjection du sang lors de la systole ventriculaire, les fibres élastiques des artères pulmonaires, mais surtout de l'aorte, vont amortir l'onde systolique en s'étirant.

■ Pendant la diastole, les fibres élastiques reprennent leur forme initiale et le sang accumulé dans l'artère distendue est propulsé vers les organes. Les artères élastiques permettent ainsi de transformer un flux sanguin discontinu en sortie de cœur en un flux sanguin continu au niveau des artérioles.

B. La vasomotricité

Les variations de diamètre des vaisseaux suite aux contractions ou aux relâchements des fibres musculaires contenues dans les artères musculaires mais surtout des artérioles, permettent la régulation du débit sanguin en fonction des besoins de l'organisme.

Schéma histologique d'une artère et d'une veine

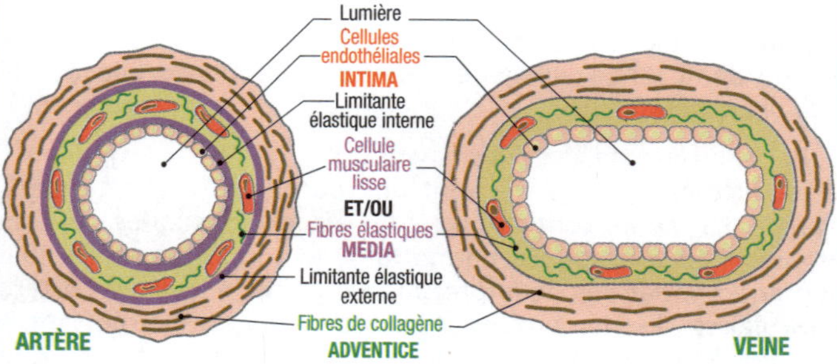

Coupe histologique d'une artère A et d'une veine B

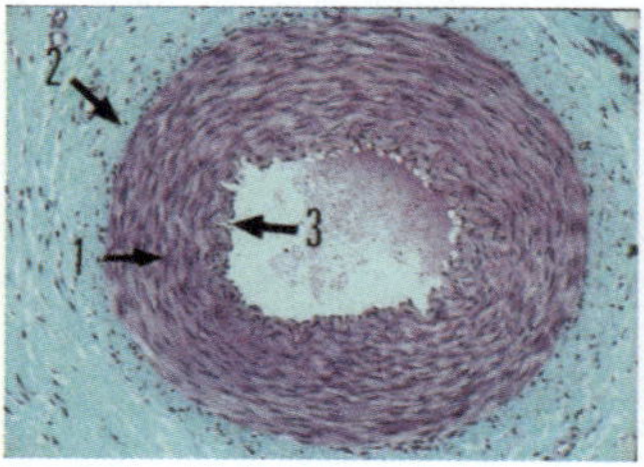

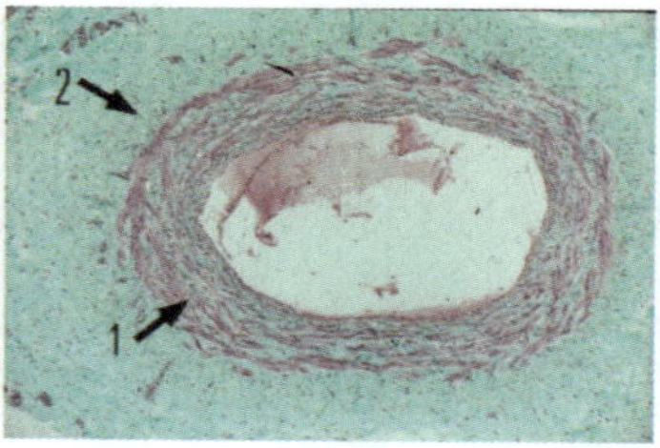

A B

1 : média ; 2 : adventice ; 3 intima.

La pression artérielle

Fiche 18

1 La pression artérielle

A. La définition

■ La pression artérielle est la pression exercée par le sang sur la paroi des artères. Elle dépend de l'âge, du sexe et de l'état physique et psychologique de l'individu. Elle varie entre deux valeurs : la pression systolique et la pression diastolique.

■ La pression systolique est la pression observée dans l'artère suite à l'éjection systolique ventriculaire.

■ La pression diastolique est la pression observée dans l'artère lorsque le cœur est au repos, c'est-à-dire en diastole générale.

B. La mesure

■ La mesure de la pression artérielle se fait chez un sujet en position allongé. Pour mesurer la pression artérielle, on utilise un tensiomètre constitué d'un brassard gonflable relié à un manomètre et un stéthoscope qui permet d'écouter le flux sanguin au niveau du coude.

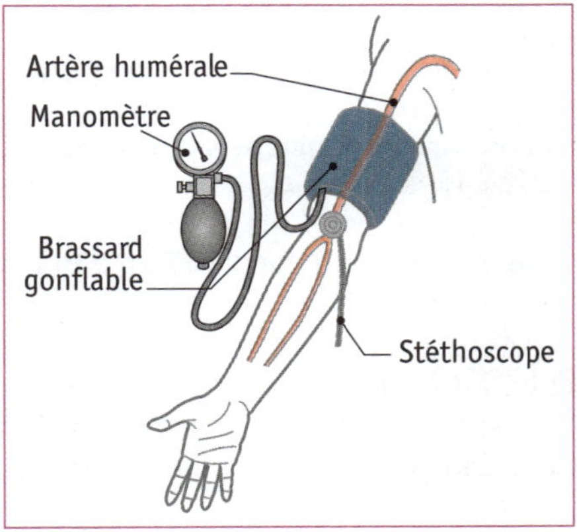

■ On gonfle le brassard à une pression supérieure à la pression artérielle afin de comprimer l'artère jusqu'à l'arrêt du flux sanguin.

■ On dégonfle progressivement le brassard. Lorsque le sang recommence à circuler, un bruit apparaît. Il correspond à la pression maximale dans l'artère, c'est-à-dire à la pression systolique dans l'artère. Le bruit disparaît quand le sang s'écoule librement. Cela correspond à la pression minimale dans l'artère, c'est-à-dire à la pression diastolique dans l'artère.

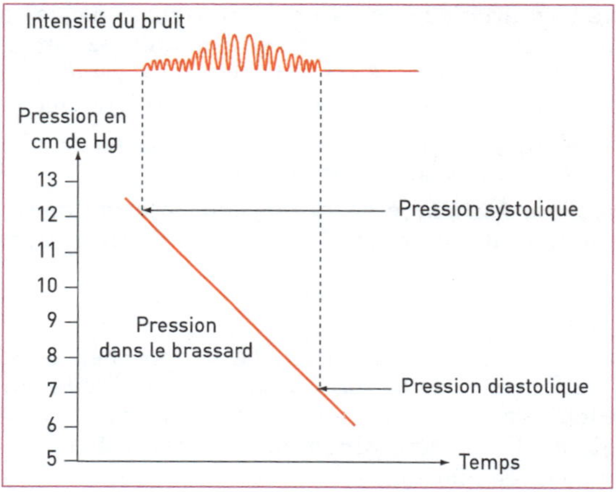

2 Les valeurs de la pression artérielle

A. Les valeurs normales

■ Une pression artérielle normale se situe autour d'une pression systolique de 12 à 13 cm d'Hg et d'une pression diastolique de 7 à 8 cm d'Hg.

■ Elle est plus faible chez les enfants (8/5 cm d'Hg) et plus élevée chez les personnes âgées (15/9 cm d'Hg).

B. Les anomalies

■ L'hypertension artérielle (HTA) : elle correspond à l'élévation permanente de la pression artérielle au-dessus de 14/9,5 cm d'Hg.

■ L'hypotension artérielle : elle correspond à une pression artérielle inférieure à 9 cm d'Hg.

Une pathologie de la circulation

Fiche 19

1 L'athérosclérose

A. La définition

L'athérosclérose est une maladie dégénérative de l'intima des grosses et moyennes artères suite à la formation de plaques lipidiques sur la face interne des parois vasculaires.

B. Les facteurs de risques

– L'hypercholestérolémie : les triglycérides et le cholestérol sont transportés dans le sang, associés à des protéines : les lipoprotéines (LP). Certaines LP, les LDL (*low density lipoprotein*), transportent le cholestérol du foie vers les organes pour assurer leurs besoins (construction membranaire, synthèse hormonale). D'autres LP, les HDL (*high density lipoprotein*) ramènent le cholestérol non utilisé au foie où il est recyclé.
– L'hypertension artérielle, le diabète, la surcharge pondérale.
– Le tabagisme, l'alcool.
– Le stress, la sédentarité.
– Une alimentation trop riche en lipides et glucides.

C. La prévention

■ La prévention primaire doit débuter très tôt. Elle consiste à informer sur les mesures hygiéno-diététiques (alimentation équilibrée, pratique d'une activité sportive…) afin de limiter le processus d'athérosclérose.

■ Le dépistage doit permettre de mettre en place un traitement pour retarder l'évolution de la plaque d'athérome avant toutes complications cardiaques, cérébrales. Dans le cas contraire, un traitement et une surveillance annuelle sont nécessaires pour éviter les récidives.

2 La pathogénie

A. La formation de la plaque

■ L'athérosclérose est un processus évolutif avec formation d'une plaque d'athérome.

■ Une lésion de l'intima des artères (virus, traumatisme) entraîne une réaction inflammatoire. Les macrophages présents vont phagocyter les LDL en excès et se transformer en cellules spumeuses. Elles s'accumulent dans l'intima et forment une strie lipidique. La libération de substances inflammatoires provoque la multiplication des cellules musculaires de la média.

■ Celles-ci migrent ensuite dans l'intima, formant la plaque d'athérome puis la plaque fibrolipidique (fibrose). La paroi artérielle va alors se durcir par calcification (sclérose de l'intima).

Formation de la plaque d'athérome et ses conséquences

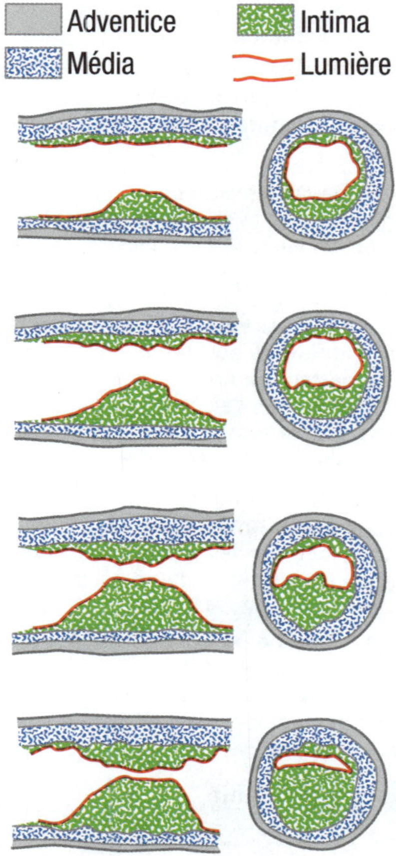

Lésion de l'intima :
– Réaction inflammatoire
– Formation de cellules spumeuses créant la strie lipidique

Plaque d'athérome : Fibrose et sclérose de l'intima

Conséquences :
– Sténose : flux sanguin réduit : ischémie transitoire, hypoxie
– Calcification : perte d'élasticité : hypertension artérielle
– Thrombose : ischémie permanente, anoxie, nécrose
– Embolie
– Fragilité de la paroi : anévrisme et risque de rupture

B. Les localisations

Les lésions athéromateuses sont principalement localisées au niveau des artères cérébrales (rupture d'anévrisme, embolie, accident vasculaire cérébral), des artères des membres inférieurs (douleur à la marche, artérite) ou des artères coronaires (angor, infarctus du myocarde).

Les examens paracliniques

Des examens paracliniques simples comme la mesure de la pression artérielle, l'ECG ou un bilan sanguin glucidique et lipidique permettent d'apprécier l'état des artères et le fonctionnement du cœur. Lors de complications, l'angiographie, l'échographie et le doppler peuvent être réalisés.

1 L'angiographie

A. Le principe

- L'angiographie est une radiographie des vaisseaux sanguins utilisant un produit de contraste. Elle est donc fondée sur l'absorption différentielle des rayons X.
- Le produit de contraste injecté en intraveineuse rend les vaisseaux sanguins opaques aux rayons X. Ils sont donc visibles par contraste. L'ordinateur peut ensuite extraire du cliché le reste des organes afin de ne visualiser que les vaisseaux sanguins.

B. L'intérêt

Elle est utilisée lors d'un diagnostic de certitude pour détecter des anomalies vasculaires comme une sténose (observation d'un rétrécissement du diamètre d'une artère), une thrombose (le produit de contraste ne passe plus), un anévrisme (observation d'une hernie au niveau d'une artère) et pour aider aux traitements chirurgicaux lors de la pose de prothèse.

Visualisation de pathologies vasculaires par angiographie numérisée

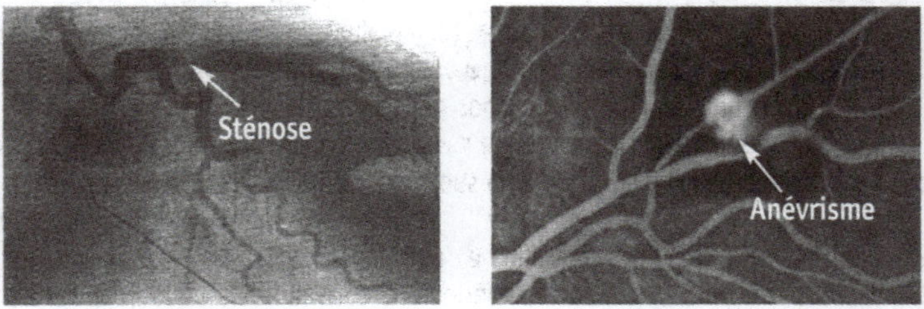

2 Les examens utilisant les ultrasons

A. L'échographie

■ Principe : l'échographie est fondée sur l'emploi des ultrasons. L'appareil, constitué d'une sonde émettrice d'ultrasons et d'un système de réception des échos, est placé sur la région à explorer. L'onde émise se propage dans les tissus et est réfléchie sous forme d'échos par ces derniers. Les échos sont détectés par la sonde, traités et retransmis sous forme d'image par un ordinateur.

■ Intérêts : elle permet de détecter des cardiomyopathies et des anomalies valvulaires. On observe directement à l'écran les contractions cardiaques et le mouvement des valvules.

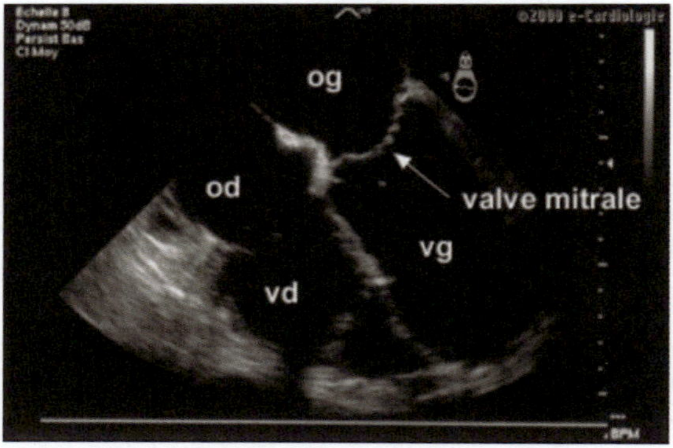

B. Le doppler

■ Principe : le doppler consiste à étudier la circulation sanguine à l'aide des ultrasons. Les ultrasons émis par la sonde se propagent dans les vaisseaux sanguins. L'onde est renvoyée sous forme d'échos par les hématies en mouvement. Ce signal est transformé en une image reflétant la circulation sanguine.

■ Intérêts : il renseigne sur l'état de la paroi des vaisseaux, l'écoulement du sang (vitesse) et l'irrigation des organes (sténose, thrombose). Il permet également de détecter des anomalies valvulaires.

Les insuffisances coronariennes

Fiche 21

1 De l'angor à l'infarctus du myocarde

A. L'angor ou angine de poitrine

■ L'angor est un syndrome douloureux thoracique dû à une ischémie transitoire du myocarde.

■ Il est dû à un rétrécissement des vaisseaux coronaires, provoqué par l'athérosclérose. Le myocarde est alors partiellement irrigué. Cela va entraîner une diminution de la quantité de dioxygène (O_2) délivrée aux cellules du myocarde (hypoxie).

B. L'infarctus du myocarde

■ L'infarctus du myocarde est une nécrose du myocarde due à une ischémie permanente du myocarde.

■ Une thrombose, c'est-à-dire la formation d'un caillot sanguin, va entraîner l'occlusion totale d'un vaisseau coronaire. Le flux sanguin est stoppé. Le myocarde n'est plus du tout irrigué, d'où une absence d'O_2 au niveau du tissu cardiaque (anoxie). Celui-ci va alors se nécroser.

2 Les signes cliniques

A. Les signes cliniques communs

■ L'angor et l'infarctus du myocarde présentent tous les deux une douleur thoracique rétrosternale brutale, violente. Celle-ci s'accompagne d'irradiations typiques vers la mâchoire inférieure, le dos et le bras gauche.

■ De plus, le sujet atteint présente divers signes comme une fatigue extrême, des sueurs, des nausées. Sa pression artérielle chute. Il est très agité et angoissé.

B. Les signes cliniques différents

■ Les signes de l'angor apparaissent en général suite à un effort ou une émotion intense. La crise dure quelques minutes. Elle disparaît soit spontanément soit suite à la prise d'un vasodilatateur comme la trinitrine.

■ Les signes de l'infarctus du myocarde apparaissent spontanément, au repos ou lors d'un effort. La crise dure de deux à trois heures. Elle ne disparaît pas au repos et résiste à la prise d'un vasodilatateur. Seule une prise en charge médicale urgente peut limiter la gravité de l'infarctus.

3 Les facteurs favorisants et la prévention

A. Les facteurs favorisants

- L'âge : on observe une augmentation des risques à partir de 40 ans.
- Le sexe : les hommes sont plus touchés que les femmes. Ces dernières sont protégées jusqu'à la ménopause par la sécrétion des œstrogènes.
- L'hypertension artérielle, le diabète, l'hypercholestérolémie : ces facteurs favorisent la formation de la plaque d'athérome. Les risques sont d'autant plus importants si ces facteurs se cumulent.
- La sédentarité : elle ne permet pas à l'organisme d'éliminer les excès glucidiques et lipidiques. Ceux-ci sont donc stockés, d'où un risque accru de pathologies cardiaques.
- Le stress : il favorise les maladies cardiovasculaires.
- Une alimentation riche en glucides et lipides : les glucides favorisent le diabète et les lipides favorisent un excès de LDL circulant et l'obésité.
- Le tabac : la nicotine favorise l'augmentation de la pression artérielle. Des lésions de l'intima des artères sont plus fréquentes, d'où des plaques d'athérome plus nombreuses.
- L'alcool : il favorise l'hyperlipidémie.

B. La prévention

- La prévention consiste principalement en des mesures hygiéno-diététiques en limitant ou supprimant les facteurs favorisant la formation de plaques d'athérome.
- Il faut également privilégier la pratique d'une activité sportive régulière.

L'infarctus du myocarde

Fiche 22

1 Le diagnostic

A. Quelques examens paracliniques

■ Des examens paracliniques permettent d'établir un diagnostic précoce de l'infarctus du myocarde.

■ Le bilan sanguin (glycémie, cholestérolémie, numération de formule sanguine) permet d'apprécier l'état général.

■ Le dosage des enzymes sériques libérées dans le sang par le myocarde lésé, comme la créatine phosphokinase myocardique ou la troponine, est un test spécifique de l'infarctus du myocarde. Plus le myocarde est lésé, plus le taux des enzymes sera important. Ce dosage permet d'évaluer la gravité de l'infarctus.

■ L'ECG permet de rechercher des troubles du rythme cardiaque en observant des modifications du tracé comme des anomalies du complexe QRS.

■ La coronarographie ou la scintigraphie cardiaque permettent de localiser des rétrécissements ou des obstructions des vaisseaux coronaires.

B. La scintigraphie

■ Principe : la scintigraphie est un examen utilisant des substances radioactives injectées par voie intraveineuse. Ces substances servent de traceurs et vont se fixer spécifiquement sur un organe. Le thallium, dans le cas du cœur, se fixe sur les hématies et les cellules cardiaques. Le rayonnement émis par les molécules radioactives est enregistré par une gamma caméra. L'image de l'organe est reconstruite. Il est également possible d'obtenir des coupes de l'organe (tomoscintigraphie).

■ Intérêts : la scintigraphie permet d'étudier la circulation sanguine au sein du myocarde, de rechercher les zones nécrosées ou sténosées, de mesurer la gravité d'un infarctus. Elle est utilisée dans le diagnostic de certitude et le suivi des patients.

2 Les traitements de l'infarctus du myocarde

A. Le traitement d'urgence

Le traitement d'urgence comprend des thrombolytiques afin de détruire le caillot et d'éviter la nécrose du myocarde, des vasodilatateurs pour augmenter le diamètre des vaisseaux sanguins et augmenter le flux sanguin, des antalgiques et anxiolytiques pour lutter contre la douleur et l'angoisse, des anticoagulants pour éviter une nouvelle thrombose ainsi que des anti-arythmiques pour lutter contre les troubles du rythme.

B. Les interventions chirurgicales

- L'angioplastie transluminale : elle consiste à restaurer la lumière d'un vaisseau obstrué par dilatation. Un cathéter est introduit jusqu'à l'artère partiellement obstruée. Un ballonnet est inséré dans l'artère, puis gonflé. L'augmentation de volume va écraser la plaque d'athérome, augmentant la lumière de l'artère. On peut ainsi mettre en place une endoprothèse (stent) qui maintient le diamètre de l'artère. Le ballonnet est ensuite retiré. Le stent reste en place et sera progressivement intégré dans la paroi de l'artère.
- Le pontage : il consiste à rétablir la circulation sanguine en aval de l'oblitération d'une artère. Un vaisseau, en général une veine, est greffé en amont et en aval d'un caillot obstruant une artère afin de revasculariser l'organe.
- Un pontage aorto-coronarien consiste à relier l'aorte avec la partie en aval d'une artère coronaire afin de revasculariser une partie du cœur.

C. Le traitement d'entretien

Le traitement d'entretien comprend les mesures hygiénodiététiques (alimentation saine et équilibrée, pratique d'une activité sportive, arrêt du tabac...), des médicaments comme des vasodilatateurs et des anti-agrégants plaquettaires. Les thromboses peuvent être traitées chirurgicalement par angioplastie transluminale ou pontage aorto-coronarien.

La régulation cardiaque

Fiche 23

1 Le système nerveux autonome

A. L'arc réflexe

■ Le système nerveux autonome ou végétatif régule le fonctionnement cardiaque. Il comprend deux systèmes antagonistes : les systèmes orthosympathique et parasympathique.

■ L'arc réflexe est le trajet suivi par l'influx nerveux suite à une stimulation ; le système nerveux autonome envoie une réponse motrice réflexe automatique et immédiate.

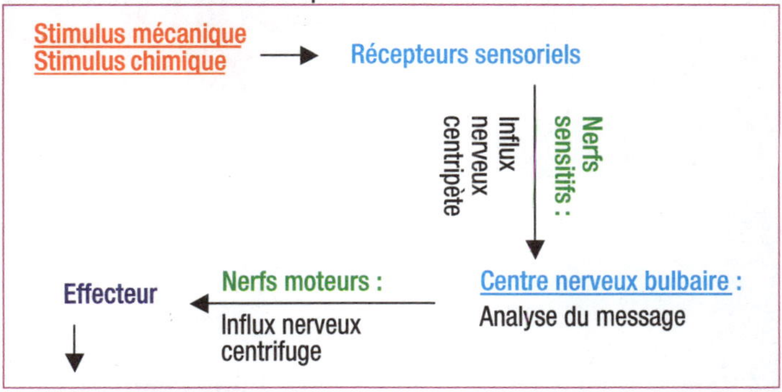

B. L'arc réflexe cardiaque

■ Des récepteurs sensoriels, situés au niveau du sinus carotidien et de la crosse aortique, détectent la variation de pression artérielle (barorécepteurs), de volume plasmatique, de concentration en dioxygène ou en dioxyde de carbone (chémorécepteurs).

■ Suite à cette stimulation, les nerfs sensitifs de Héring et de Cyon transportent l'influx nerveux sensitif vers le centre nerveux. Le centre nerveux bulbaire analyse le message et, au travers des nerfs orthosympathiques ou parasympathiques, va envoyer un message moteur au niveau du nœud sinusal.

■ Le nerf cardiaque est un nerf orthosympathique : il transporte des influx nerveux accélérateurs.

■ Le nerf vague ou X ou pneumogastrique est un nerf parasympathique. Il transmet des messages modérateurs.

■ En réponse, au niveau du nœud sinusal, des neuromédiateurs sont libérés. Ils vont modifier la fréquence cardiaque et la force des contractions en fonction du stimulus de départ.

■ La noradrénaline est une hormone cardio-accélératrice. Elle augmente la fréquence cardiaque et la force des contractions.

■ L'acétylcholine est une hormone cardiomodératrice. Elle diminue la fréquence cardiaque et la force des contractions.

Arc réflexe

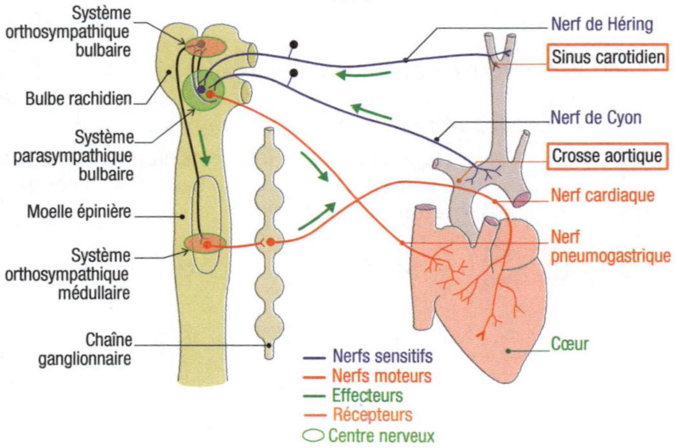

2 L'arc réflexe cardiaque en réponse à une hémorragie

■ L'hémorragie entraîne une diminution de la pression artérielle. Celle-ci est détectée par les barorécepteurs situés dans la crosse aortique et le sinus carotidien. L'information est transmise au centre nerveux bulbaire par les nerfs sensitifs de Héring et de Cyon sous forme d'influx nerveux. Le centre nerveux parasympathique est alors inhibé et le centre orthosympathique activé.

■ Le nerf cardiaque va transporter l'influx nerveux moteur vers le nœud sinusal. La noradrénaline est libérée. La force des contractions cardiaques ainsi que la fréquence cardiaque vont alors augmenter pour rehausser la pression artérielle.

Les chromosomes

Fiche 24

1 La structure et l'ultrastructure

A. La structure

- Les chromosomes servent de support à l'information génétique.
- Le chromosome est constitué de deux chromatides sœurs réunies par un centromère définissant les bras courts et les bras longs. Les deux chromatides correspondent à deux molécules d'ADN identiques. Le centromère est la région sur laquelle s'attachent les fibres mitotiques. Les télomères sont les extrémités distales (séquences d'ADN répétées). Ils ont un rôle de stabilisation et de protection des chromosomes.

B. L'ultrastructure

Les chromosomes sont constitués d'une molécule d'ADN enroulée autour de 8 protéines appelées histones. Ce complexe constitue le nucléosome. Ceux-ci forment un collier de perles qui s'enroule sur lui-même pour donner le nucléofilament. Lors de l'interphase, le nucléofilament se décondense et constitue la chromatine. Les chromosomes représentent la forme la plus condensée de l'ADN. Ils ne sont visibles que durant une des phases de la division cellulaire.

Différents niveaux d'organisation

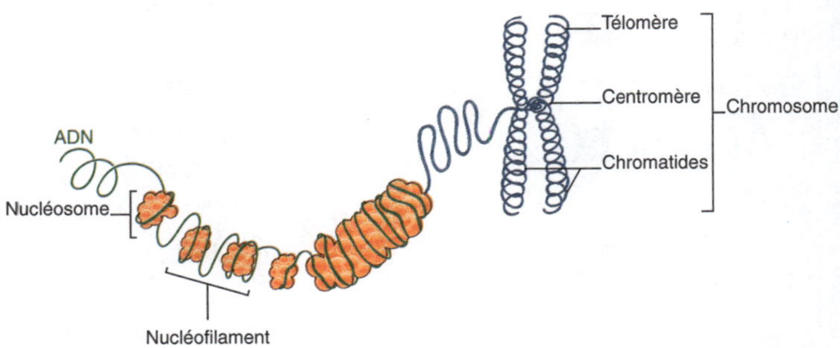

2 L'ADN ou acide désoxyribonucléique

A. La composition

L'ADN est une molécule située dans le noyau des cellules. Il est constitué d'une succession de nucléotides. Chaque nucléotide comprend un phosphate lié à un sucre, le désoxyribose, lié à l'une des 4 bases azotées : adénine (A), guanine (G), thymine (T) et cytosine (C).

B. La structure

■ L'ADN est une molécule hélicoïdale bicaténaire. Elle est donc formée de deux brins qui s'enroulent en hélice. Les deux brins de l'ADN sont complémentaires au niveau des bases azotées. L'adénine sera toujours associée avec la thymine et la cytosine avec la guanine par des liaisons hydrogènes et inversement.

■ La séquence des bases azotées de l'ADN représente le message de l'information génétique.

Représentation schématique de la double hélice d'ADN

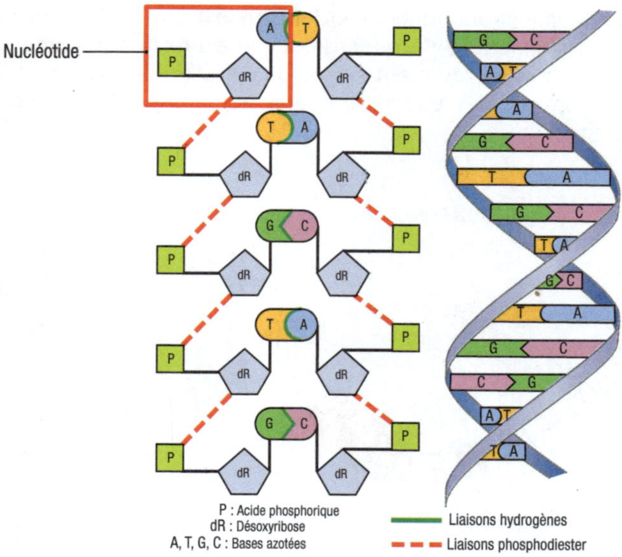

L'étude des chromosomes

Fiche 25

1 Le caryotype

A. La description

■ Le caryotype est une technique qui étudie l'aspect des chromosomes d'un individu (forme, nombre, bras courts, bras longs).

■ Des cellules nucléées (cellules fœtales, leucocytes), capables de se diviser *in vitro*, sont mises en culture et bloquées en métaphase par la colchicine. Les chromosomes sont ensuite observés au microscope, photographiés et classés par paires d'homologues (un chromosome paternel et un chromosome maternel).

B. Le caryotype humain

■ Toutes les cellules de l'organisme humain, à l'exception des gamètes, comptent 46 chromosomes associés par paires. On dénombre 22 paires de chromosomes non sexuels, les autosomes, et une paire de chromosomes sexuels, les gonosomes : XX pour le sexe féminin et XY pour le sexe masculin.

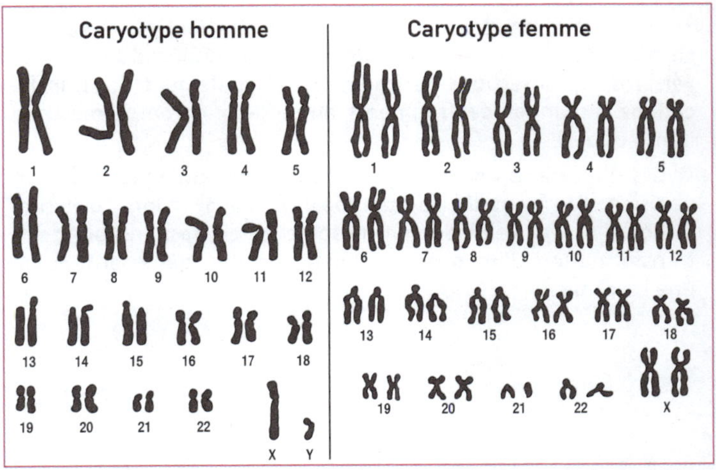

■ La formule chromosomique d'un caryotype normal masculin s'écrit : 46, XY ; celle d'un caryotype féminin s'écrit : 46, XX.

C. L'intérêt

■ Le caryotype est utilisé lors du diagnostic prénatal afin de détecter chez l'embryon ou le fœtus une affection grave.

■ Il est réalisé à partir de cellules fœtales provenant d'une amniocentèse (prélèvement de liquide amniotique), d'une biopsie du trophoblaste ou d'une ponction de sang fœtal. Ces différents types de prélèvements sont réalisés sous échographie.

2 Les altérations des chromosomes

A. Les aberrations du nombre de chromosomes

■ Des variations du nombre des chromosomes, touchant aussi bien les autosomes que les gonosomes, peuvent avoir lieu. Elles résultent de l'absence de disjonction des chromosomes au cours d'une des deux divisions de la méiose. La plupart sont létales mais certaines sont cependant viables.

■ Le nombre de chromosomes peut être excédentaire ; un chromosome se trouve en trois exemplaires comme dans les trisomies 21 (47, XY + 21 ; 47, XX + 21), 13 (47, XX + 13 ; 47, XY + 13) ou bien il y a trois gonosomes comme dans le syndrome de Klinefelter (47, XXY).

■ Le nombre de chromosomes peut être déficitaire. Il manque un des deux chromosomes de la paire d'homologues comme dans le syndrome de Turner, monosomie du chromosome X (45, X0).

B. Les altérations de la structure des chromosomes

■ Les chromosomes peuvent subir des altérations au niveau des chromatides. On observe des délétions, des duplications, des inversions, des insertions de fragments et également des translocations (échanges de fragments entre deux chromosomes non homologues).

■ Ces altérations entraînent de graves conséquences pour l'organisme. Par exemple, la translocation du bras long du chromosome 9 avec celui du chromosome 22 est responsable de la transformation d'un proto-oncogène en oncogène, entraînant une leucémie.

Le cycle cellulaire

1 La définition

■ Le cycle cellulaire est une série de transformations de la cellule permettant sa croissance et le renouvellement des tissus de l'organisme.

■ Il est divisé en deux phases : l'interphase (croissance et activité de synthèse) et la mitose (division cellulaire).

Le cycle cellulaire

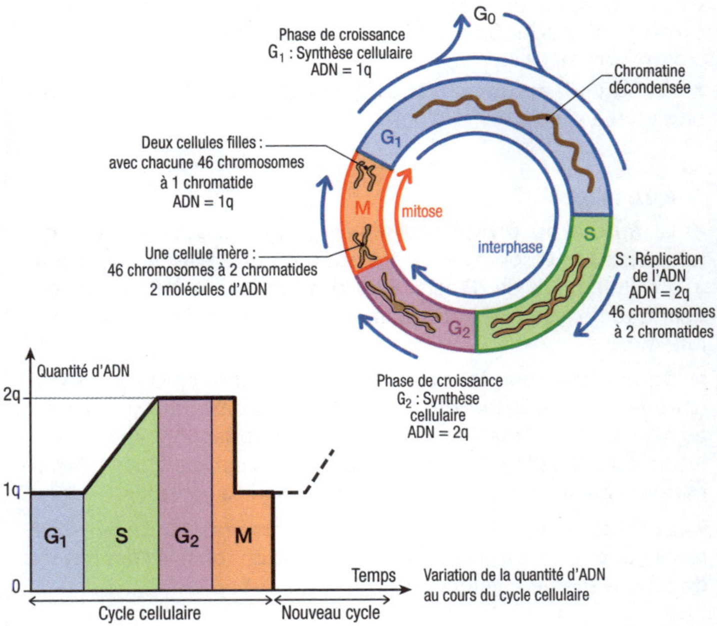

Variation de la quantité d'ADN au cours du cycle cellulaire

2 Les différentes phases

A. L'interphase

■ L'interphase est une phase où la cellule croît et effectue diverses synthèses nécessaires à sa reproduction. Elle se décompose en trois phases.

– La phase G1 est une phase de croissance. La cellule synthétise les éléments nécessaires à la réplication. La quantité d'ADN est de 1q (quantité arbitraire) ; la cellule contient 46 nucléofilaments décondensés (chromatine).

– La **phase S** est la phase de réplication de l'ADN. Elle permet l'obtention de 2 molécules d'ADN identiques entre elles et identiques à la molécule d'ADN de départ. Ceci est possible grâce à la complémentarité des bases azotées ; l'adénine s'associant avec la thymine et la cytosine avec la guanine et inversement (A-T, C-G). La quantité d'ADN est alors de 2q. La cellule contient toujours 46 nucléofilaments ; chaque chromosome contiendra 2 chromatides identiques.

Ce processus permet de doubler la quantité d'ADN afin de la répartir dans deux nouvelles cellules lors de la division cellulaire.

– La **phase G2** est également une phase de croissance. Les enzymes et protéines nécessaires à la division cellulaire sont synthétisées. La quantité d'ADN est toujours de 2q. La cellule contient 46 nucléofilaments décondensés (futurs chromosomes) à deux chromatides.

■ La **phase G0** est une phase de quiescence. La cellule ne se divise plus et elle exerce ses fonctions.

B. La mitose

■ La mitose ou division cellulaire permet d'obtenir deux cellules-filles (46 chromosomes) identiques entre elles et identiques à la cellule-mère de départ. Elles contiennent le même matériel génétique, c'est-à-dire les mêmes séquences d'ADN que la cellule-mère.

■ Durant la mitose, la chromatine se condense en chromosomes (chromosomes à deux chromatides). Les chromatides se séparent au niveau du centromère et chaque chromatide, donc chaque molécule d'ADN, est répartie dans chacune des deux cellules-filles. Le matériel génétique de la cellule-mère est ainsi conservé.

■ La division des cellules est contrôlée en permanence par différents gènes activant ou inhibant la mitose en fonction des besoins de renouvellement cellulaire.

L'hérédité humaine

Fiche 27

1 Quelques définitions

- Le génome correspond à l'ensemble du matériel génétique d'un individu, c'est-à-dire à l'ensemble de ses gènes.
- Un gène est un segment d'ADN contenant l'information nécessaire à la synthèse d'une protéine. Il est situé sur le chromosome à un endroit précis appelé locus.
- Un allèle représente une forme d'expression différente d'un gène.
- Le phénotype est l'ensemble des caractères visibles d'un individu. Il correspond à l'expression du génotype.
- Le génotype est l'ensemble des allèles des gènes de l'individu.

2 Du génotype au phénotype

A. Les allèles

- Chaque chromosome est présent dans le noyau en deux exemplaires. Il forme une paire de chromosomes homologues ; l'un est d'origine maternel et l'autre paternel. Chaque gène est donc présent en deux exemplaires au sein de la cellule. Un couple de chromosomes homologues porte donc deux allèles d'un même gène au même locus ; ces deux allèles pouvant avoir des formes d'expressions différentes.

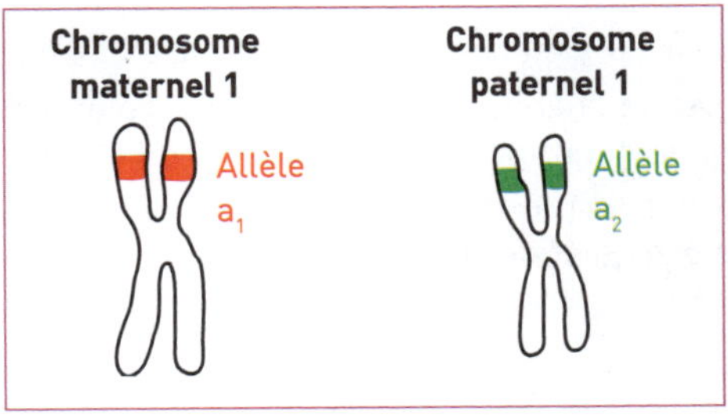

Ex. : un gène codant pour la couleur des yeux peut avoir comme allèles la couleur bleue et la couleur marron.

- Lorsque les 2 allèles d'un même gène sont identiques, l'individu est dit homozygote pour ce gène. Lorsque les 2 allèles d'un même gène sont différents, l'individu est dit hétérozygote pour ce gène.

à détacher

- Un allèle peut s'exprimer de deux façons différentes. Soit il est dit dominant, c'est-à-dire qu'il va s'exprimer (il sera visible), soit il est dit récessif et son expression sera cachée par celle de l'allèle dominant.
- Un allèle récessif ne pourra s'exprimer que s'il est présent sur les deux chromosomes de la paire, c'est-à-dire chez un individu homozygote. Un allèle dominant s'exprimera dès qu'il sera présent sur un des deux chromosomes de la paire, c'est-à-dire aussi bien chez les individus homozygotes qu'hétérozygotes.
- Lorsque les deux allèles s'expriment en même temps, ils sont dits codominants. Les deux phénotypes (caractères) seront donc visibles.

B. Les conventions d'écriture

- Un allèle dominant s'écrira toujours en majuscules tandis qu'un allèle récessif s'écrira toujours en minuscule.
- Le génotype s'écrit entre parenthèses, les deux allèles étant séparés par une double fraction représentant les deux chromosomes de la paire.
- Un phénotype s'écrit entre crochets. Un individu exprimant un phénotype dominant [A] peut avoir comme génotype possible (A//A) ou (A//a) avec A l'allèle dominant et a l'allèle récessif.
- Un individu exprimant un phénotype récessif [a] ne peut avoir comme génotype possible que (a//a) avec a l'allèle récessif.
- Lorsque les deux allèles sont codominants, on les écrira tous les deux en majuscules.

Ex. : phénotype du groupe sanguin [AB], génotype (A//B).

- Dans le cas de l'hérédité portée par les chromosomes sexuels, on précisera les gonosomes X et Y. *Ex. :* (XA//XA) ou (X//Ya).
- Afin d'évaluer la probabilité de transmission d'un caractère, on effectue un échiquier de croisement à partir des différents allèles possibles présents dans les gamètes des parents.

Les maladies héréditaires

Fiche 28

1 Les maladies héréditaires autosomiques

A. La définition

L'hérédité autosomale se définit comme la transmission de caractères portés par un gène présent sur les chromosomes non sexuels : les autosomes.

B. L'hérédité dominante

- Les maladies héréditaires dominantes se transmettent de génération en génération. Le caractère dominant [Malade] s'exprime dès que l'allèle M (Malade) est présent à l'état hétérozygote, c'est-à-dire sur un des deux chromosomes de la paire.
- Les enfants atteints, quel que soit leur sexe, ont toujours un parent atteint et porteur de l'allèle M. Les deux sexes peuvent être touchés.
- Un enfant né d'un parent atteint a 50 % de probabilité d'être atteint.

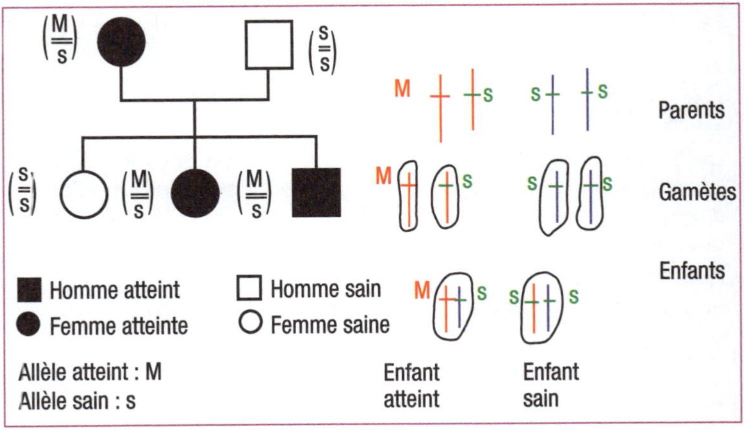

Ex. : chorée de Huntington, polydactylie, syndactylie.

C. L'hérédité récessive

- Les maladies héréditaires récessives ne peuvent s'exprimer que chez des individus homozygotes. Le caractère [malade] ne s'exprime que si l'allèle récessif m (malade) est présent sur les deux chromosomes de la paire.

■ Chaque parent hétérozygote (m//S) transmet un allèle malade à son enfant ; l'autre allèle est sain : S. Dans le cas d'un individu homozygote malade (m//m), il transmet obligatoirement un allèle malade m à tous ses enfants.

■ Les sujets atteints naissent généralement de parents non atteints mais porteurs de l'anomalie. Les deux sexes peuvent être atteints. Les probabilités d'avoir un enfant atteint pour des parents hétérozygotes (m//S) sont de 25 %.

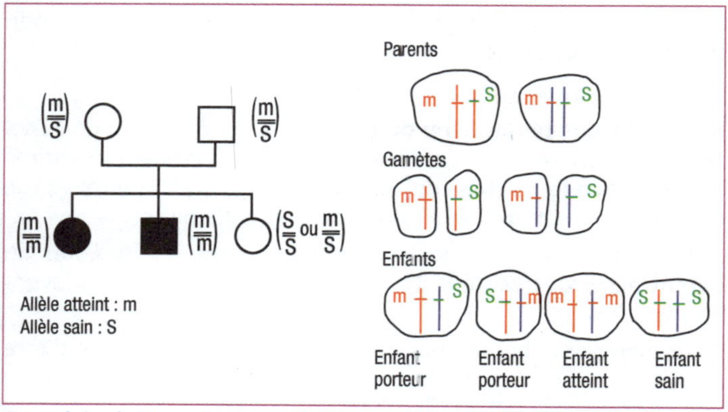

Ex. : phénylcétonurie, mucoviscidose, albinisme, facteur rhésus.

2 La codominance

Les allèles d'un même gène peuvent s'exprimer tous les deux. Les allèles sont codominants. Chaque parent transmet un allèle d'un gène qui va obligatoirement s'exprimer chez l'enfant. On observe au niveau du phénotype les deux formes d'expression des protéines.

Ex. : le groupe sanguin AB, l'hypercholestérolémie, la drépanocytose, la thalassémie.

Les maladies héréditaires gonosomiques

Fiche 29

L'hérédité gonosomique se caractérise par la transmission de caractères portés par les gonosomes X et Y. Une femme transmet un chromosome X à ses filles et ses garçons ; un homme transmet un chromosome X à ses filles et un chromosome Y à ses garçons.

1 Les maladies liées au chromosome X

A. L'allèle atteint dominant XM

- L'allèle dominant va s'exprimer aussi bien chez les femmes que chez les hommes.
- Les femmes atteintes hétérozygotes (XM//Xs) transmettent l'allèle M dans 50 % des cas à leurs enfants, quel que soit le sexe où il va s'exprimer. Les femmes atteintes homozygotes (XM//XM) transmettent l'allèle M à tous leurs enfants quel que soit le sexe ; tous les enfants seront malades.
- Les hommes atteints (XM//Y) transmettent l'allèle malade à 100 % de leurs filles qui seront malades et à aucun de leurs garçons (transmission du chromosome Y).

B. L'allèle atteint récessif Xm

- Une femme hétérozygote (XS//Xm) est porteuse saine. Elle transmet l'allèle m à 50 % de ses enfants. Dans le cas d'un garçon, celui-ci sera atteint, car l'allèle m va s'exprimer. Il n'est présent qu'en un seul exemplaire ; un garçon ne possédant qu'un seul chromosome X.

Cas d'une mère hétérozygote et d'un père sain

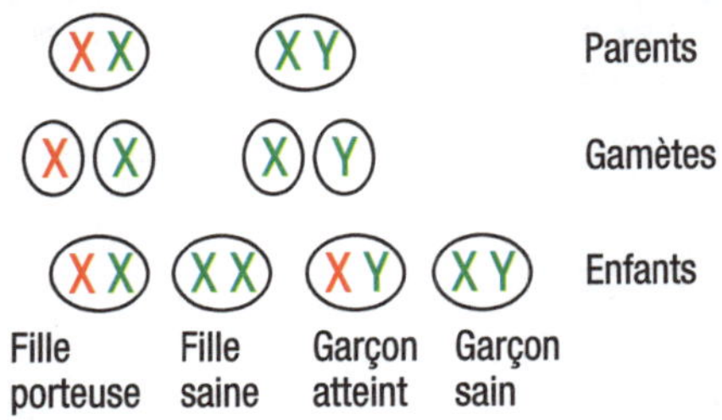

Rouge : chromosome X atteint : Xm.
Vert : chromosomes X et Y sains : XS et YS.

à détacher

■ Le cas d'une mère homozygote (Xm//Xm) est rare. Elle transmettra l'allèle malade à tous ses enfants. Les garçons seront atteints et les filles seront soit porteuses saines soit atteintes, suivant le génotype du père.

■ Un homme atteint par la maladie aura pour génotype (Xm//Y) car l'allèle m n'étant présent qu'en un seul exemplaire, il va s'exprimer. Il transmettra obligatoirement l'allèle malade m à ses filles.

Cas d'un père atteint (Xm//Y) : transmission uniquement à sa fille

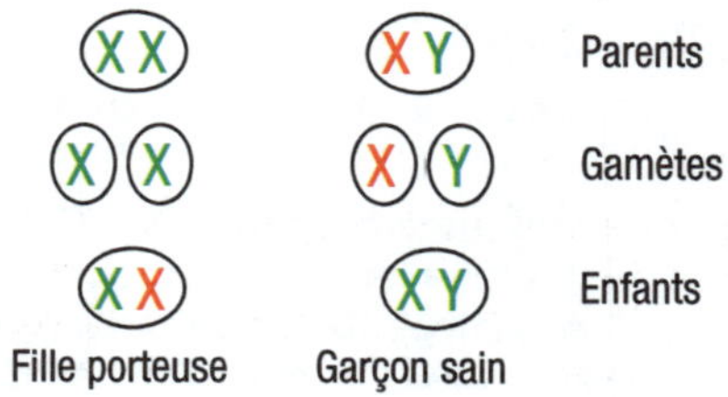

Rouge : chromosome X atteint.
Vert : chromosomes X et Y sains.

Ex. : hémophilie, daltonisme, myopathie de Duchenne, syndrome de l'X fragile.

2 Les maladies liées au chromosome Y

Ces maladies touchent tous les hommes d'une même famille à chaque génération. La transmission de l'allèle malade m s'effectue de père en fils. Les garçons atteints ont pour génotype (X//Ym) ; l'allèle m s'exprimera car il est présent en un seul exemplaire sur le chromosome Y.

Ex. : hypertrichose des oreilles, l'homme porc-épic (ichtyose congénitale).

L'expression de l'information génétique

Fiche 30

La plupart des gènes codent pour des protéines représentant l'expression de l'information génétique. Cette synthèse nécessite deux étapes permettant la transformation de l'ADN en une protéine : la transcription et la traduction.

1 La transcription

A. La définition

- L'ADN est recopié sous forme d'un acide ribonucléique messager (ARNm) dans le noyau.
- L'ARN est une molécule simple brin composée d'une succession de nucléotides. Chaque nucléotide est constitué d'un acide phosphorique, d'un sucre, le ribose, et d'une base azotée (A, U : uracile, C ou G).
- Il existe trois types d'ARN : l'ARNm, l'ARN ribosomial (ARNr) et l'ARN de transfert (ARNt).

B. Le mécanisme de la transcription

Suite à l'ouverture des deux brins d'ADN, une enzyme l'ARN polymérase synthétise l'ARNm par complémentarité de bases vis-à-vis du brin transcrit de l'ADN (U est complémentaire de A, A de T, C de G et G de C). L'ARNm va transporter le message génétique dans le cytoplasme jusqu'aux ribosomes.

2 La traduction

A. La définition

La traduction permet de décoder l'ARNm en protéines grâce au code génétique.

B. Les étapes de la traduction

- La traduction a lieu dans le cytoplasme. Les ribosomes permettent d'assembler l'ARNm et les ARN de transfert portant d'un côté un anticodon complémentaire des codons de l'ARNm et de l'autre l'acide aminé correspondant.
- Phase d'initiation : le ribosome se place au niveau du codon initiateur AUG et une enzyme associe l'ARNt correspondant portant le premier acide aminé : la méthionine.

■ Phase d'élongation : le ribosome se déplace le long de l'ARNm et un ARNt portant l'acide aminé correspondant s'associe à chaque codon de l'ARNm. Entre les acides aminés correspondants se forme une liaison peptidique.

■ Phase de terminaison : lorsque le ribosome atteint un codon non-sens, la traduction est terminée. La protéine se détache.

Synthèse des protéines

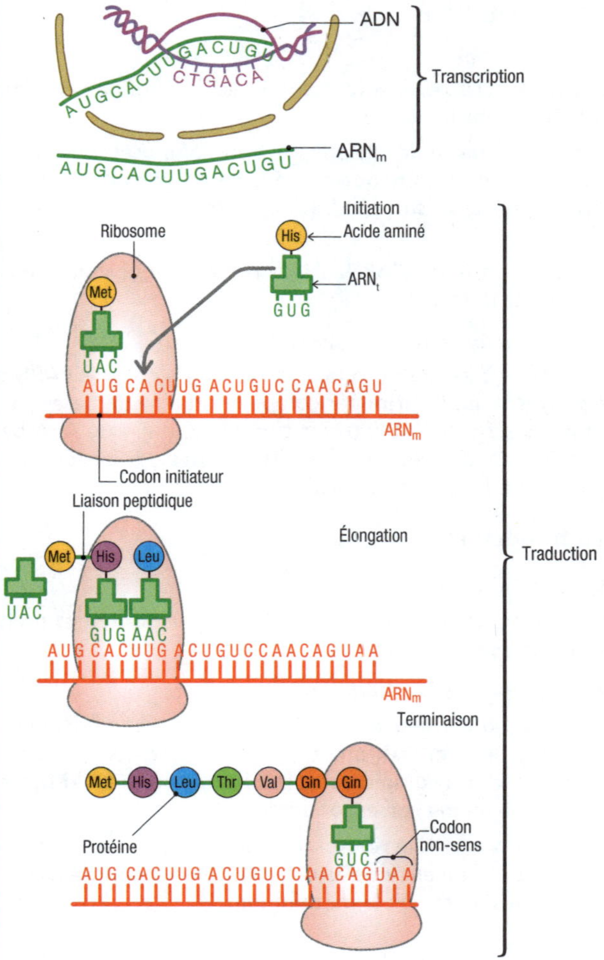

Le code génétique et les mutations

Fiche 31

1 Le code génétique

A. Son rôle

Le code génétique permet de modifier la séquence nucléotidique de l'ARNm en une séquence polypeptidique. Trois nucléotides successifs forment un codon et codent pour un acide aminé.

B. Ses caractéristiques

- Le code génétique est redondant. Plusieurs codons peuvent coder pour un même acide aminé.

Ex. : les codons UCU, UCC, UCA et UCG codent tous les quatre pour la sérine.

- De plus, il est universel : les végétaux, les animaux et l'homme possèdent le même code génétique.

Le code génétique

1re lettre	2e lettre				3e lettre
	U	**C**	**A**	**G**	
U	UUU, UUC : Phé (Phénylalanine) UUA, UUG : Leu (Leucine)	UCU, UCC, UCA, UCG : Ser (Sérine)	UAU, UAC : Tyr (Tyrosine) UAA, UAG : STOP	UGU, UGC : Cys (Cystéine) UGA STOP UGG Trp (Tryptophane)	U C A G
C	CUU, CUA, CUC, CUG : Leu (Leucine)	CCU, CCC, CCA, CCG : Pro (Proline)	CAU, CAC : His (Histidine) CAA, CAG : Gln (Glutamine)	CGU, CGC, CGA, CGG : Arg (Arginine)	U C A G
A	AUU, AUA, AUC : Ile (Isoleucine) AUG Met (Méthionine)	ACU, ACC, ACA, ACG : Thr (Thréonine)	AAU, AAC : Asn (Asparagine) AAA, AAG : Lys (Lysine)	AGU, AGC : Ser (Sérine) AGA, AGG : Arg (Arginine)	U C A G
G	GUU, GUA, GUC, GUG : Val (Valine)	GCU, GCC, GCA, GCG : Ala (Alanine)	GAU, GAC : Asp (Acide aspartique) GAA, GAG : Glu (Acide glutamique)	GGU, GGC, GGA, GGG : Gly (Glycine)	U C A G

à détacher Vu !

- Il existe 3 triplets appelés codons non-sens : UAA, UAG, UGA correspondant à des codons de terminaison. Lorsque le ribosome se place sur ces codons non-sens, il n'existe pas de correspondance pour un acide aminé. La synthèse de la protéine s'arrête.

2 Les mutations dans la synthèse des protéines

A. La définition

Une mutation est une modification de la séquence nucléotidique de l'ADN. Elle a lieu soit spontanément, soit sous l'influence de différents facteurs comme les rayons UV ou une infection virale.

B. Les différents types de mutations

- Au niveau de la séquence nucléotidique de l'ADN, on peut observer des mutations par substitution (remplacement d'un nucléotide par un autre), par délétion (perte d'un nucléotide), par inversion de deux nucléotides ou par addition d'un nucléotide.

- Les mutations par substitution ou inversion vont entraîner au niveau de la séquence protéique :

– des mutations silencieuses : la séquence des protéines n'est pas modifiée. Ceci est dû à la redondance du code génétique ;

- – des mutations non-sens : un codon non-sens apparaît, la synthèse de la protéine s'arrête ; la protéine est inachevée et non fonctionnelle ;

- – des mutations faux-sens : un acide aminé est remplacé par un autre, la protéine a perdu sa fonction par modification de sa structure tridimensionnelle.

- Les mutations par délétion ou addition d'un nucléotide entraînent un décalage dans le cadre de lecture de l'ARNm, créant des séquences protéiques totalement différentes de celle d'origine. Les protéines obtenues sont anormales et non fonctionnelles.

Le processus tumoral

Fiche 32

1 Les tumeurs

A. La définition

Le processus tumoral correspond à une prolifération anormale de cellules créant une masse cellulaire autonome : une tumeur.

B. La comparaison entre tumeurs bénignes et malignes

Caractéristiques	Tumeurs bénignes	Tumeurs malignes
Aspect macroscopique	Tumeur régulière, bien circonscrite.	Tumeur irrégulière.
Aspect microscopique	Cellules normales différenciées.	Cellules mal différenciées ou indifférenciées. Synthèse de marqueurs tumoraux.
Vascularisation	Plus ou moins vascularisée.	Très vascularisée.
Développement	Croissance lente.	Croissance élevée. Envahissement des tissus voisins.
Traitement	Chirurgie.	Chirurgie, chimiothérapie, radiothérapie.
Pronostic	Excellent.	Réservé. Risque de récidives.

2 La cancérogenèse

A. Les différentes étapes

- La formation des cellules cancéreuses est le résultat d'un dysfonctionnement de la mitose. Des mutations de l'ADN au sein d'une cellule initient la cancérogenèse. C'est la phase d'initiation.
- La cellule mutée se multiplie indéfiniment suite à l'accumulation d'événements. La tumeur grossit. C'est la phase de promotion.

■ On observe une hyperplasie tissulaire. De nouveaux vaisseaux sanguins vont irriguer la masse cancéreuse afin de la nourrir. C'est l'angiogenèse.

■ À ce stade, le cancer est dit *in situ* (cancer primitif). Des cellules cancéreuses vont passer dans la circulation sanguine. Des métastases vont alors pouvoir se développer dans tout l'organisme (foyers secondaires).

■ Les cellules cancéreuses sont agressives, immortelles. Elles synthétisent des marqueurs tumoraux spécifiques. Le contrôle de la division cellulaire est modifié.

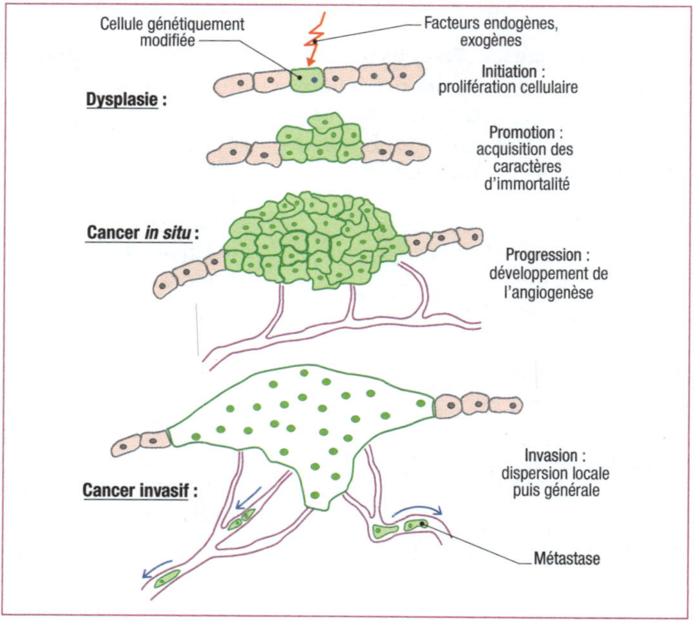

B. Les gènes de régulation

■ La multiplication cellulaire est équilibrée et contrôlée par les proto-oncogènes qui stimulent la prolifération et les anti-oncogènes qui l'inhibent. Au sein d'une cellule cancéreuse, cet équilibre est modifié. Le proto-oncogène muté devient un oncogène favorisant la multiplication excessive des cellules et leur transformation en cellules tumorales. Les anti-oncogènes mutés ne freinent plus l'action des oncogènes.

■ L'inhibition des gènes contrôlant l'apoptose entraîne une immortalisation des cellules.

Le dépistage et le diagnostic

Fiche 33

Le dépistage permet, lors d'un examen systématique, un diagnostic précoce des lésions cancéreuses.

1 L'étude anatomo-pathologique

■ L'étude anatomo-pathologique a pour but d'étudier les modifications éventuelles d'un organe ou d'un tissu suite à une pathologie.

■ Elle consiste en une observation macroscopique d'un fragment d'organe recueilli lors de biopsie et/ou en une observation microscopique de cellules présentes sur un frottis ou d'une coupe d'un tissu. Le frottis est un étalement sur lame des sécrétions naturelles, de cellules recueillies sur écouvillon ou des produits recueillis par ponction d'un nodule ou d'un ganglion.

■ Les coupes sont réalisées après une biopsie, c'est-à-dire un prélèvement de tissus.

■ L'étude histologique et cytologique permet de distinguer une tumeur bénigne d'une tumeur maligne, d'apprécier le type de lésion ainsi que son extension.

2 Les marqueurs biologiques

Les marqueurs tumoraux sont des substances antigéniques, sécrétées par les cellules tumorales malignes, présentes dans le sang. Une analyse sanguine permet la recherche de leur présence. Elle oriente le diagnostic, permet d'étudier la réponse au traitement et de dépister les récidives et métastases.

Ex. : apparition de l'antigène carcino-embryonnaire (ACE) lors de cancer digestif ou du sein, de l'alpha-fœtoprotéine (AFP) dans le cancer du foie, de l'antigène spécifique de la prostate (PSA) dans le cancer de la prostate.

3 Les examens d'imagerie

■ Les examens d'imagerie sont surtout utilisés dans le bilan d'extension afin d'évaluer la gravité de la maladie et de définir les traitements.

■ La scintigraphie permet d'obtenir des renseignements morphologiques sur les organes. Lors d'un cancer, la fixation du traceur radioactif sur les cellules tumorales est très importante, d'où une détection plus aisée de la tumeur. Elle est utilisée pour rechercher des métastases osseuses. Des anticorps monoclonaux marqués permettent de localiser précisément des cellules cancéreuses (immunoscintigraphie).

■ La fibroscopie permet l'observation des muqueuses bronchiques, stomacales et celles du colon.

■ La mammographie est utilisée pour détecter des nodules au niveau des seins, la masse cancéreuse étant très opaque aux rayons X.

■ La scanographie est utilisée avec l'imagerie par résonance magnétique (IRM) pour leur grande précision pour détecter des cancers du système nerveux, des os ou du pancréas.

4 4. L'IRM

A. Le principe

■ C'est une technique fondée sur l'utilisation d'un champ magnétique intense.

■ L'IRM s'appuie sur les modifications du comportement des atomes d'hydrogène, présents dans tous les tissus, quand ils sont soumis à un champ magnétique intense.

■ Dans un premier temps, on applique un champ magnétique statique : les protons vont s'orienter dans la direction de ce champ.

■ Dans un second temps, on applique un champ magnétique tournant : les protons vont pivoter sur eux-mêmes : ils entrent dans un état de résonance.

■ Dans un troisième temps, on retire le champ magnétique tournant et les atomes d'hydrogène reviennent à leur position initiale à des vitesses différentes en fonction de la richesse en eau du tissu. L'appareil mesure ces différentes vitesses et un ordinateur les traite afin de reconstituer une image.

B. L'intérêt

Il permet d'obtenir des renseignements morphologiques très précis sur les organes (cœur, vaisseaux sanguins, cerveau, articulations, rachis) et de différencier un tissu sain d'un tissu lésé.

Les risques et les traitements

Fiche 34

1 Les facteurs cancérigènes et la prévention

A. Les facteurs endogènes

Les facteurs endogènes sont des facteurs propres à chaque individu :

– les facteurs génétiques : transmission de mutations génétiques dans les formes de cancers héréditaires (cancer du sein), aberrations chromosomiques (leucémie) ;
– les facteurs endocriniens : déséquilibre hormonal (cancer de la thyroïde, de la prostate) ;
– les facteurs immunitaires : diminution des défenses immunitaires due à l'âge, au stress, au sida.

B. Les facteurs exogènes

Les facteurs exogènes sont des facteurs extérieurs à l'organisme susceptibles d'être contrôlés :

– mode de vie : alimentation trop riche en lipides et en glucides (cancer du colon), alcool (cancer du foie), tabac (cancer des poumons) ;
– environnement : rayons UV (cancer de la peau), amiante (cancer des poumons) ;
– infections virales : papillomavirus (cancer du col de l'utérus), virus de l'hépatite B ou C (cancer du foie).

C. La prévention

■ La prévention primaire : information de la population dès le plus jeune âge afin de lutter contre les facteurs de risque (éducation à la santé, vaccination, lutte contre la pollution).

■ La prévention secondaire : dépistage précoce des sujets à risque grâce aux différentes techniques d'imagerie médicale (radiographie, échographie, fibroscopie) et mise en place de campagnes de dépistage obligatoire comme pour le cancer du sein, du colon ou de la prostate.

■ La prévention tertiaire : suivi régulier des patients pour lutter contre les éventuelles récidives.

à détacher Vu !

2 Les traitements

A. La chirurgie

- La chirurgie consiste en une ablation de la tumeur ainsi que des ganglions lymphatiques ou organes voisins lorsque la tumeur est importante. Elle peut être curative, palliative pour améliorer le confort du patient et lui supprimer des douleurs, ou bien réparatrice suite à l'ablation d'un organe (seins, os).
- Elle peut s'appliquer à une tumeur primitive ou à une métastase.

B. La radiothérapie

- Des rayons sont envoyés localement sur la zone cancéreuse pour détruire l'ADN des cellules tumorales en préservant le plus possible les tissus sains.
- Elle est curative ou palliative et permet de réduire la taille d'une tumeur avant son ablation chirurgicale.

C. La chimiothérapie

Différentes substances, délivrées le plus souvent par voie intraveineuse, bloquent la division des cellules cancéreuses (substances antimitotiques) ou les détruisent (substances cytotoxiques). Mais cette toxicité touche également les cellules saines et entraîne de nombreux effets indésirables (alopécie, nausées, fatigue intense).

D. L'hormonothérapie

L'hormonothérapie réduit la croissance des cellules tumorales en mettant les cellules dans un état quiescent mais elle ne les tue pas.

E. L'immunothérapie

L'immunothérapie utilise des molécules stimulant le système immunitaire et des anticorps anti-cellules tumorales.

F. La greffe de moelle osseuse

La greffe de moelle osseuse permet de rétablir les défenses immunitaires par apport de nouvelles cellules saines (leucémies).

G. Les inhibiteurs de la néoangiogenèse

Les inhibiteurs de la néoangionenèse permettent de limiter la formation de nouveaux vaisseaux sanguins allant irriguer la tumeur dans le but d'éviter ainsi les métastases.

L'anatomie des appareils génitaux

Fiche 35

1 L'organisation de l'appareil génital masculin

A. Les gonades

- Les testicules sont des glandes assurant la production des spermatozoïdes et la synthèse de la testostérone. Ils sont suspendus à l'extérieur de l'organisme, dans un sac appelé le scrotum ou la bourse. Ils sont recouverts de deux tuniques, la vaginale et l'albuginée et sont constitués de tubes séminifères.
- Chaque testicule est coiffé par l'épididyme, canal se dilatant en ampoule déférentielle et aboutissant au canal déférent. Ces derniers reçoivent le contenu des vésicules séminales et de la prostate et s'unissent pour former l'urètre, canal commun à l'urine et au sperme.

B. Les glandes annexes

- La prostate est une cavité entourant la partie initiale de l'urètre. Elle sécrète un liquide riche en enzymes augmentant la fluidité du sperme. Les deux vésicules séminales sont situées derrière la prostate et sécrètent chacune un liquide riche en fructose et en substances nutritives. Les glandes de Cowper libèrent un liquide alcalin qui, avant chaque éjaculation, neutralise l'acidité de l'urine.

Organisation de l'appareil génital masculin

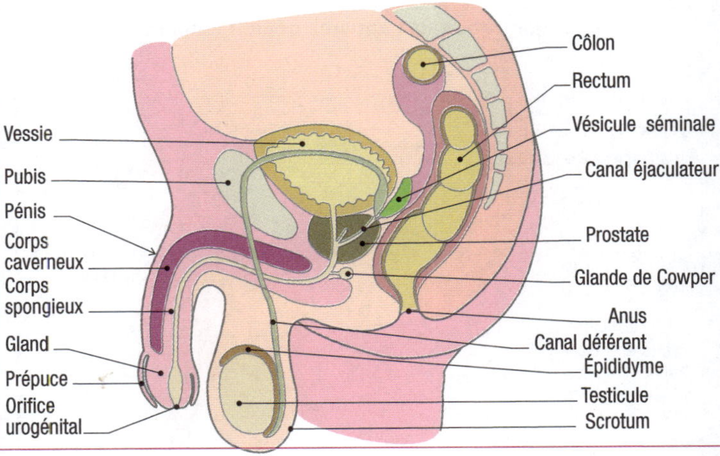

- Le pénis est constitué de corps érectiles se dilatant par afflux de sang : les corps spongieux et caverneux. Il se termine par le gland et est recouvert d'un fin repli : le prépuce.

2 L'organisation de l'appareil génital féminin

A. Les gonades

- Les ovaires sont des glandes assurant la formation des ovocytes et la synthèse des hormones sexuelles féminines (œstrogènes, progestérone). Ils sont situés de part et d'autre de l'utérus et maintenus par des ligaments dans la cavité péritonéale. Ils sont formés d'un cortex et d'une zone médullaire contenant les vaisseaux sanguins.

B. Les organes annexes

- Près de l'ovaire, les trompes de Fallope sont constituées du pavillon, pourvu de franges s'ouvrant dans la cavité abdominale. Elles se poursuivent de l'autre coté par un conduit cilié qui aboutit à l'utérus *via* l'ampoule. Les trompes de Fallope sont le lieu de la fécondation.

- L'utérus est un muscle creux composé de l'endomètre (muqueuse) et du myomètre (fibres musculaires lisses). La partie inférieure de l'utérus est appelée col de l'utérus. Il communique avec le vagin. L'utérus est le siège de la nidation.

- Le vagin est un conduit musculaire et muqueux. C'est une cavité acide qui s'étend du col utérin à la vulve.

- La vulve est constituée par l'orifice urinaire, les petites et grandes lèvres (replis cutanés) et le clitoris.

Organisation de l'appareil génital féminin

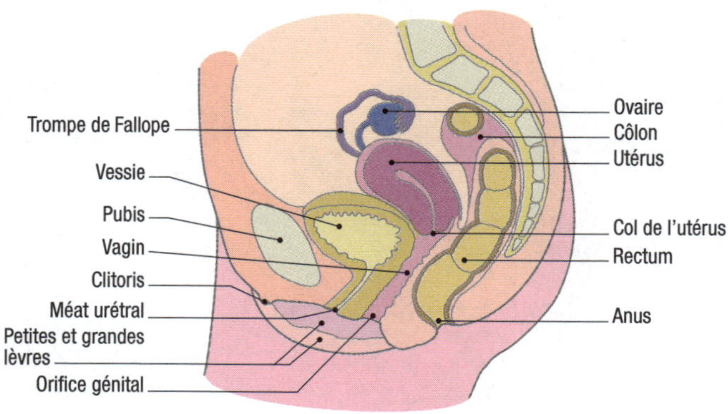

La spermatogenèse

1 L'histologie des testicules

A. Les tubes séminifères

Une des tuniques recouvrant le testicule, l'albuginée, protège celui-ci et le divise en lobules. Chaque lobule va contenir environ trois tubes séminifères. Chaque tube se rejoint pour former le canal de l'épididyme. Au sein de ces tubes, se situent les cellules de la spermatogenèse et les cellules de Sertoli (cellules nourricières et protectrices des spermatozoïdes).

B. Les cellules de Leydig

La synthèse de la testostérone est assurée par les cellules de Leydig situées entre les tubes séminifères.

2 La spermatogenèse

La spermatogenèse permet la formation des gamètes mâles, les spermatozoïdes (cellules haploïdes), dans la paroi des tubes séminifères des testicules à partir de cellules souches diploïdes, les spermatogonies. Elle a lieu en deux étapes de manière continue de la puberté à la fin de la vie.

A. La spermatocytogenèse

Évolution des spermatogonies

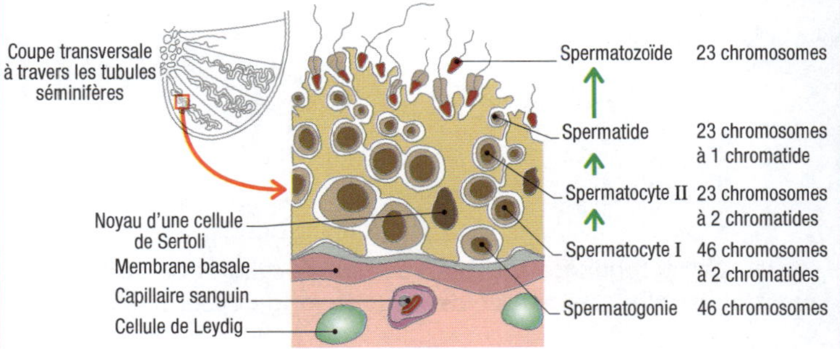

La spermatogenèse comprend trois phases.

1. La phase de multiplication : sous l'action d'une hormone folliculostimulante (FSH), les spermatogonies souches 2n situées à la périphérie des tubes séminifères se multiplient en spermatogonies 2n (46 chromosomes à deux chromatides).

2. La phase d'accroissement : le cytoplasme des spermatogonies augmente de volume, la cellule devient un spermatocyte I.
3. La phase de maturation : suite à une division réductionnelle (séparation des chromosomes homologues), les spermatocytes I se transforment en spermatocytes II (23 chromosomes à deux chromatides) puis en spermatides à la fin d'une division équationnelle (séparation des chromatides des chromosomes) ; on obtient ainsi 4 cellules haploïdes (23 chromosomes à une chromatide).

B. La spermiogenèse

- Le spermatide se différencie en spermatozoïde. L'acrosome se forme par fusion des vésicules golgiennes renfermant de nombreux enzymes nécessaires à la pénétration du spermatozoïde dans l'ovocyte lors de la fécondation. Le noyau se condense, le flagelle se forme à partir du centriole. Les mitochondries fournissent l'énergie nécessaire au mouvement du flagelle.
- Les spermatozoïdes matures sont libérés dans la lumière du tube séminifère, migrent dans l'épididyme et sont stockés dans l'ampoule déférentielle.

Spermatozoïde

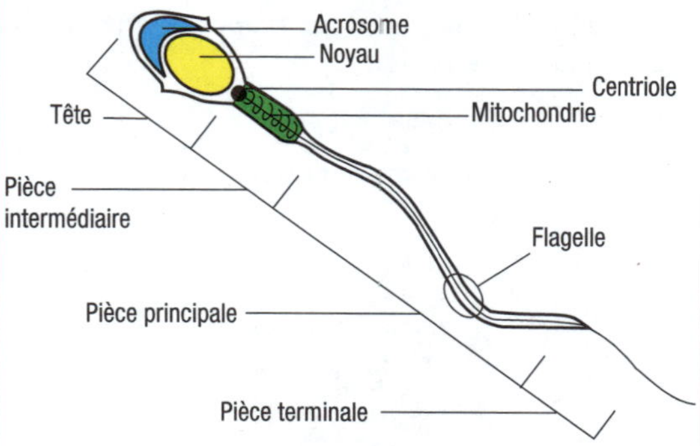

- La spermatogenèse est stimulée par les cellules de Sertoli qui vont nourrir les spermatozoïdes tout au long de leur formation.

La folliculogenèse et l'ovogenèse

Fiche 37

1 La folliculogenèse

A. Au sein de l'ovaire

■ La folliculogenèse correspond au développement du follicule contenant l'ovocyte. Elle se déroule au niveau du cortex de l'ovaire.

À la puberté, à chaque cycle, quelques follicules primordiaux évoluent ; les autres vont dégénérer. Les cellules folliculaires prolifèrent autour de l'ovocyte I et forment la granulosa (follicule primaire). Apparaissent ensuite la thèque interne granuleuse et la thèque externe fibreuse (follicule secondaire) et une cavité, l'antrum (follicule tertiaire). Suite à l'augmentation des œstrogènes, un seul follicule tertiaire va poursuivre son développement. C'est le follicule de De Graaf.

Coupe de l'ovaire

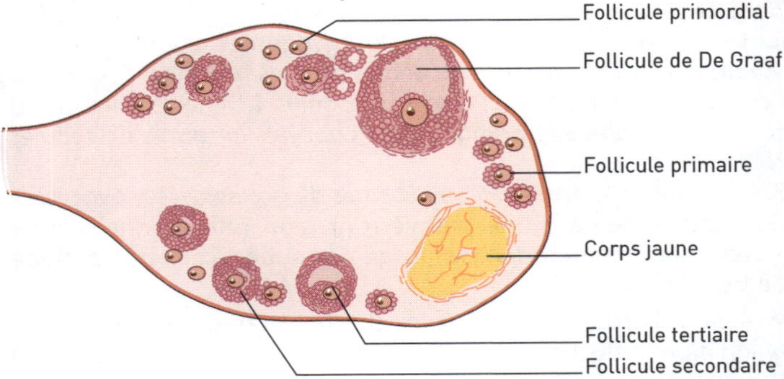

B. Le follicule de De Graaf

Le follicule de De Graaf est un follicule mature. Il contient l'ovocyte II qui sera expulsé lors de l'ovulation. Celui-ci est entouré par la zone pellucide et la corona radiata.

Follicule de De Graaf

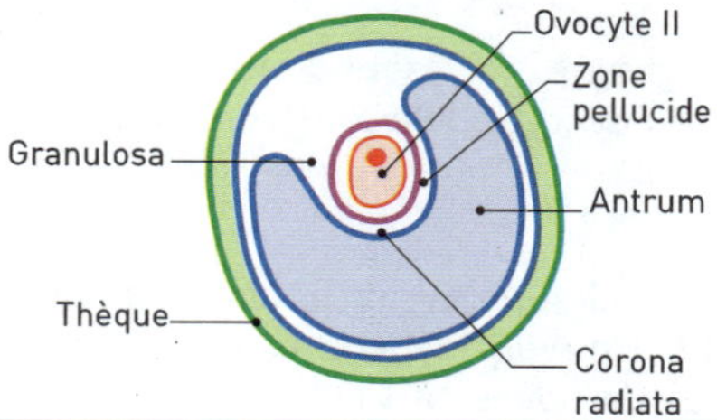

2 L'ovogenèse

- L'ovogenèse permet la formation des gamètes femelles (les ovocytes) de manière non continue dans les ovaires. Elle débute pendant la phase embryonnaire et cesse à la ménopause.
- L'ovogenèse se déroule en plusieurs phases.

1. La phase de multiplication : pendant la vie embryonnaire, les ovogonies souches se multiplient et certaines se transforment en ovocytes I (46 chromosomes). Les autres vont dégénérer (atrésie).

2. La phase d'accroissement : les ovogonies augmentent de volume, accumulent des protéines et des réserves lipidiques. Les ovocytes I obtenus (46 chromosomes à deux chromatides) forment les follicules primordiaux : ovocytes entourés de cellules folliculaires.

3. La phase de maturation : au 6e mois de grossesse, les ovocytes I du fœtus entament une première division réductionnelle mais restent bloqués en prophase I jusqu'à la puberté : c'est la période de quiescence.

- À la puberté, sous l'influence des hormones, à chaque cycle, la division réductionnelle reprend et aboutit à un ovocyte II (23 chromosomes à 2 chromatides) et un globule polaire. L'ovocyte II débute la division équationnelle, reste bloqué en métaphase II. Il est contenu dans le follicule de De Graaf et est expulsé lors de l'ovulation. Le globule polaire dégénère.
- La division équationnelle ne reprendra qu'après la pénétration d'un spermatozoïde.

La rencontre des gamètes

Fiche 38

1 La fécondation

A. Le trajet des gamètes

■ Suite à l'ovulation, l'ovocyte II est capté par le pavillon des trompes de Fallope. Il parcourt la trompe grâce aux contractions des fibres musculaires et aux mouvements des cils et s'arrête dans l'ampoule utérine.

■ Après l'éjaculation, les spermatozoïdes, déposés dans le vagin, se déplacent grâce à leur flagelle jusqu'à l'ovocyte. Afin d'atteindre l'ovocyte, ils doivent résister à l'acidité du vagin et franchir la glaire cervicale perméable seulement durant la période pré-ovulatoire pour atteindre l'utérus. Ils se dirigent ensuite vers les trompes. Les spermatozoïdes acquièrent leur pouvoir fécondant.

B. La rencontre

■ Arrivés près de l'ovocyte, les spermatozoïdes dégradent les cellules folliculaires grâce aux enzymes contenus dans l'acrosome. Seul un spermatozoïde (noyau) va pénétrer dans l'ovocyte.

■ C'est la fécondation ; elle a lieu au niveau de l'ampoule dans les trompes. L'ovocyte II termine sa division et devient une cellule haploïde contenant 23 chromosomes à une chromatide. Les deux noyaux (23 chromosomes) se rapprochent et fusionnent. Ils vont former le zygote (46 chromosomes).

2 La nidation

■ Le zygote se divise pour former une morula et migre vers l'utérus. Six jours après la fécondation, les cellules embryonnaires s'implantent dans la paroi utérine : c'est la nidation.

■ Lorsque les cellules embryonnaires s'implantent dans les trompes, on parle de grossesse extra-utérine. Cette grossesse doit être interrompue, soit chimiquement, soit naturellement.

De l'ovulation à la nidation

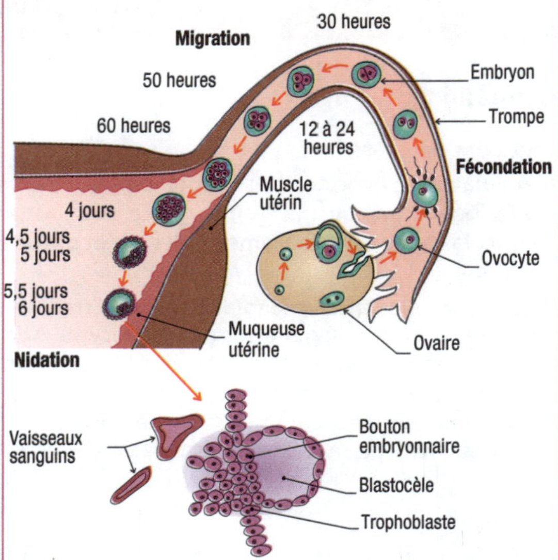

3 La stérilité

La stérilité humaine est l'incapacité de concevoir naturellement, de porter ou d'accoucher d'un enfant sain.

A. Les causes masculines

- La cause cellulaire : anomalies de structure ou de mobilité des spermatozoïdes.
- La cause anatomique : anomalies testiculaires, obstruction ou absence des voies spermatiques, cryptorchidie.
- Les pathologies de la prostate, les troubles hormonaux, immunologiques, génétiques.

B. Les causes féminines

- La cause cellulaire : ovule ou glaire de mauvaise qualité (infectée ou trop épaisse), anovulation liée à un dysfonctionnement hormonal.
- La cause anatomique : obstruction des trompes due à une infection ou une anomalie congénitale, fibrome ou malformation pouvant rendre l'utérus inapte à la nidation.
- La cause infectieuse : infections sexuellement transmissibles : salpingite à gonocoque, à chlamydiae.

La maîtrise de la procréation

Fiche 39

1 La contraception

La contraception concerne les méthodes qui s'opposent à la fécondation.

A. La contraception mécanique

Le préservatif masculin ou féminin, le diaphragme empêchent le contact entre les spermatozoïdes et l'ovocyte. Le stérilet empêche la nidation de l'œuf.

B. La contraception chimique

■ La pilule contraceptive bloque l'ovulation, modifie l'endomètre et la glaire cervicale. Les pilules combinées contiennent des œstrogènes et de la progestérone qui vont agir sur le complexe hypothalamo-hypophysaire. Les œstrogènes vont bloquer la sécrétion de FSH et LH, d'où l'absence d'ovulation. Les progestatifs modifient l'endomètre qui va s'atrophier et ainsi empêcher la nidation.

■ Les pilules à progestatifs modifient la glaire cervicale qui s'épaissit et devient imperméable aux spermatozoïdes ; l'endomètre également modifié ne peut accueillir l'œuf.

■ L'implant délivre des hormones semblables à la progestérone. Il bloque l'ovulation, modifie l'endomètre et la glaire cervicale.

2 La contragestion

■ La contragestion concerne les méthodes empêchant la nidation d'un embryon.

■ La pilule du lendemain est une contragestion à base de fortes doses d'hormones de synthèse (œstrogènes et progestatifs). Elle bloque l'ovulation et provoque l'élimination précoce de l'endomètre.

■ La pilule contragestive est une antihormone (RU 486) entraînant une interruption de grossesse. C'est un analogue de la progestérone. Le RU 486 se fixe sur les récepteurs spécifiques à la progestérone à sa place. Elle rend donc l'endomètre impropre à la nidation.

à détacher Vu !

3 La procréation médicalement assistée (PMA)

- La PMA comprend les techniques médicales permettant de vaincre l'hypofertilité, la stérilité ou bien d'éviter la transmission d'une maladie grave à l'enfant.
- La stimulation hormonale est utilisée lors d'anovulation. Trois hormones sont injectées pour mimer le cycle et stimuler l'ovulation. Un analogue de la Gn-RH est injecté pour bloquer la sécrétion des hormones LH et FSH. La folliculogenèse est stimulée pendant 12 jours par des injections de FSH. On injecte ensuite l'hormone chorionique gonadotrophine (HCG) pour déclencher l'ovulation.
- L'insémination artificielle est utilisée lors de stérilité masculine et de stérilité liée à la glaire cervicale. Des dépôts de spermatozoïdes sont effectués directement dans la cavité utérine afin de faciliter la rencontre des gamètes.
- La fécondation *in vitro* et transfert d'embryon ou FIVETE s'adresse aux femmes stériles par obstruction des trompes ou aux hommes présentant des anomalies de sperme. Un traitement hormonal stimule l'ovulation. Les ovocytes sont prélevés sous échographie. Ils sont fécondés *in vitro* par contact avec des spermatozoïdes sélectionnés. La transplantation de deux ou trois œufs dans l'utérus se fait au stade 16 cellules. Un dosage de l'HCG permet de confirmer ou non la grossesse.
- L'ICSI ou *Intracytoplasmic Sperm Injection* consiste à injecter sous l'enveloppe de l'ovocyte un spermatozoïde. L'embryon est ensuite réimplanté dans l'utérus. Cette méthode est utilisée lors d'une stérilité due à un défaut de maturation des spermatozoïdes.

La fonction reproductrice de l'homme

Fiche 40

1 Le complexe hypothalamo-hypophysaire

Le complexe hypothalamo-hypophysaire contrôle le fonctionnement testiculaire et ovarien.

A. L'hypothalamus

L'hypothalamus est une glande située au niveau du troisième ventricule cérébral. Il est formé des neurones hypothalamiques qui vont sécréter une hormone, la gonadolibérine (Gn-RH), en réponse aux différents stimuli hormonaux qu'ils vont recevoir. La Gn-RH est libérée dans le sang au niveau de la tige pituitaire (système porte hypophysaire). La Gn-RH va ensuite agir sur l'hypophyse antérieure.

B. L'hypophyse

L'hypophyse est une glande située sous l'hypothalamus et formée de l'antéhypophyse et de la posthypophyse. L'antéhypophyse, suite à la stimulation par la Gn-RH, va synthétiser et libérer dans le sang des gonadostimulines LH (hormones lutéinisantes) et de la FSH.

Le complexe hypothalamo-hypophysaire

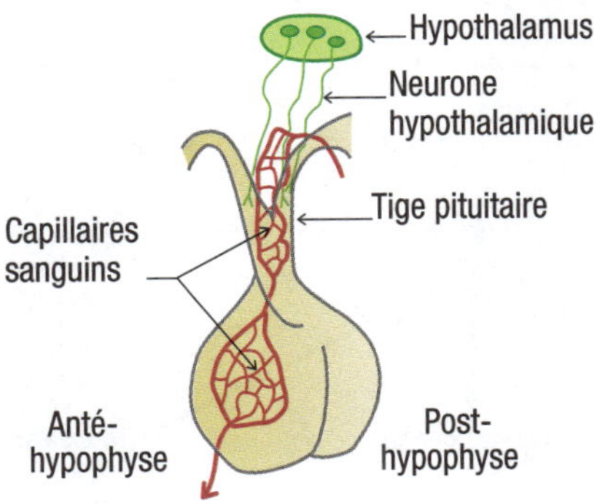

à détacher Vu !

2 La régulation de la fonction testiculaire

A. La testostérone

- La testostérone est une hormone stéroïde synthétisée par les cellules de Leydig. Sa sécrétion est continue, pulsatile et dure tout au long de la vie.
- Son rôle : chez l'embryon, elle différencie les organes génitaux vers le sexe masculin. Chez le fœtus, elle provoque la descente des testicules dans les bourses. Sa sécrétion s'arrête à la naissance et reprend à la puberté. Elle stimule la spermatogenèse, le développement des gonades, des caractères sexuels primaires et secondaires (pilosité, croissance osseuse, développement musculaire, modification du larynx).

B. Le contrôle et le rétrocontrôle

- Le complexe hypothalamo-hypophysaire contrôle le fonctionnement testiculaire. La Gn-RH stimule la sécrétion de LH et FSH par l'hypophyse. La FSH agit sur les cellules de Sertoli et stimule indirectement la spermatogenèse. La LH se lie aux cellules de Leydig et stimule la sécrétion de la testostérone.
- La testostérone exerce un rétrocontrôle négatif sur le complexe hypothalamo-hypophysaire afin de maintenir un taux constant de testostérone. L'inhibine, protéine sécrétée par les cellules de Sertoli, inhibe la libération de FSH et de Gn-RH.

Régulation de la sécrétion de testostérone

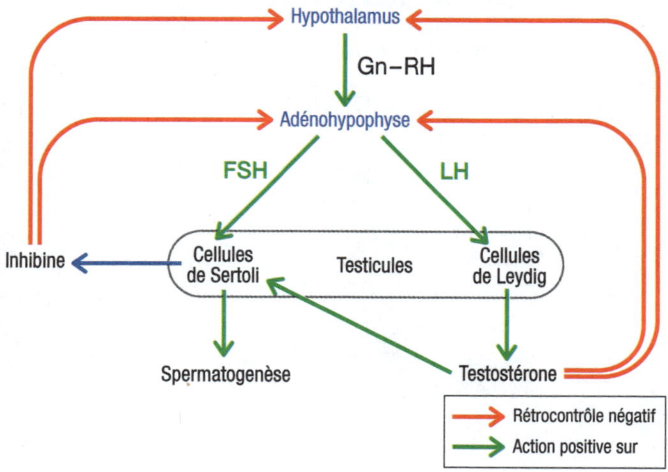

La physiologie sexuelle de la femme

Fiche 41

1 Les hormones ovariennes

A. Les œstrogènes

■ Les œstrogènes sont des hormones stéroïdes synthétisées par les cellules de la thèque interne et celles de la granulosa. Elles sont principalement sécrétées pendant la phase folliculaire, au maximum 48 heures avant l'ovulation.

■ Les œstrogènes permettent le développement des caractères sexuels secondaires (seins, pilosité, développement du bassin et du tissu adipeux). Ils stimulent la croissance folliculaire, la sécrétion de la glaire cervicale et le développement de l'endomètre en phase folliculaire. Mais ils permettent également la fixation du calcium sur les os.

B. La progestérone

La progestérone est une hormone stéroïde secrétée par les cellules lutéale du corps jaune. Elle est principalement sécrétée pendant la phase lutéale. Elle prépare l'utérus à l'implantation d'un œuf en développant la muqueuse utérine et assure le développement des glandes mammaires.

2 Le cycle menstruel

Le cycle menstruel se manifeste par des modifications de l'ensemble de l'appareil génital (vagin, utérus, ovaires). Il débute à la puberté, se termine à la ménopause, chaque cycle durant environ 28 jours. Ce cycle évolue en 3 grandes phases distinctes.

A. La phase folliculaire

■ La phase folliculaire s'étend du 1er jour du cycle jusqu'à l'ovulation. Sous l'influence de la FSH, les follicules primaires sécrètent des œstrogènes. Ils vont alors inhiber la synthèse de la FSH par l'hypophyse. La plupart des follicules vont dégénérer. Un seul follicule va poursuivre sa croissance et devenir un follicule de De Graaf.

■ Sous l'influence des œstrogènes, l'endomètre prolifère. Le nombre des vaisseaux sanguins augmente. Des contractions utérines ont lieu ; la glaire cervicale est dense et visqueuse.

B. L'ovulation

Dès que le taux d'œstrogènes atteint un certain seuil, il stimule la sécrétion de LH par l'hypophyse. Le taux hormonal augmente brutalement (pic de LH) et déclenche l'ovulation. L'ovocyte II est expulsé du follicule de De Graaf. La glaire cervicale est alors filante, abondante et perméable aux spermatozoïdes.

C. La phase lutéale

- La phase lutélale dure de l'ovulation à l'arrivée des règles. Le follicule de De Graaf se remplit de sang. Il se transforme en corps jaune et va sécréter principalement de la progestérone puis en corps blanc non sécréteur.
- Sous l'action de la progestérone, l'endomètre se prépare à la nidation. Il s'épaissit, se vascularise et sécrète du mucus et du glycogène nécessaire à l'œuf. L'utérus ne se contracte plus (silence utérin). La glaire cervicale redevient épaisse et imperméable aux spermatozoïdes.
- En l'absence de fécondation et de nidation, le corps jaune régresse et les taux hormonaux chutent. L'endomètre est alors éliminé, ce qui déclenche les menstruations.

Le cycle menstruel

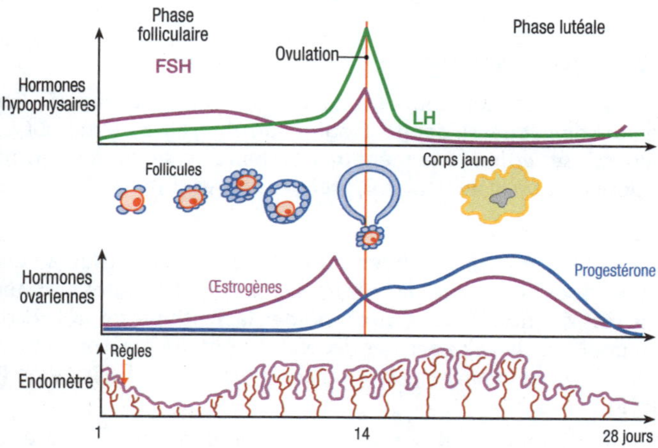

La régulation hormonale chez la femme

Fiche 42

1 Le complexe hypothalamo-hypophysaire

■ Le complexe hypothalamo-hypophysaire (CHH) contrôle le taux des hormones ovariennes. L'hypothalamus va sécréter une hormone, la Gn-RH, en réponse aux différents stimuli hormonaux qu'ils vont recevoir. La Gn-RH est libérée dans le sang au niveau de la tige pituitaire et va ensuite agir sur l'antéhypophyse. Cette dernière va en réponse sécréter deux hormones : la LH et la FSH.

■ Ces deux hormones vont agir par voie sanguine sur la sécrétion des hormones ovariennes. La FSH exerce une action sur les follicules ovariens et favorise la sécrétion des œstrogènes. La LH déclenche l'ovulation et favorise la sécrétion de la progestérone.

2 Les contrôles et les rétrocontrôles

A. En phase folliculaire

■ La FSH stimule la croissance des follicules ovariens vers le follicule de De Graaf et la synthèse des œstrogènes par les cellules de la granulosa et les cellules de la thèque interne.

■ Lorsque la sécrétion d'œstrogènes est trop faible, la sécrétion de LH et de FSH par l'antéhypophyse est inhibée. Il s'agit d'un rétrocontrôle négatif sur l'hypophyse par les œstrogènes.

B. En fin de phase folliculaire

La sécrétion importante d'œstrogènes déclenche une sécrétion accrue de LH nécessaire à l'ovulation. La LH va déclencher l'expulsion de l'ovocyte II du follicule de De Graaf. Il s'agit d'un rétrocontrôle positif sur l'hypophyse par les œstrogènes.

C. En phase lutéale

■ Le taux de FSH et de LH est très bas. La LH permet la transformation du follicule en corps jaune et la synthèse et la sécrétion de la progestérone par celui-ci. La FSH permet le maintien de la sécrétion des œstrogènes par le corps jaune.

■ La progestérone et les œstrogènes exercent un rétrocontrôle négatif sur l'hypothalamus et l'hypophyse. Ils inhibent la sécrétion de Gn-RH par l'hypothalamus et de LH et FSH par l'antéhypophyse.

■ En absence de fécondation, la sécrétion des hormones ovariennes diminue. Les rétrocontrôles négatifs exercés par les hormones ovariennes sur le complexe hypothalamo-hypophysaire sont levés, ce qui entraîne une augmentation du taux de FSH. Un nouveau cycle peut alors commencer.

- Lors de la phase folliculaire, de faibles doses d'œstrogènes exercent un rétrocontrôle négatif sur le complexe hypothalamo-hypophysaire. Avant l'ovulation, de fortes doses d'œstrogènes exercent un rétrocontrôle positif sur le complexe hypothalamo-hypophysaire. En phase lutéale, la progestérone exerce un rétrocontrôle négatif sur le complexe hypothalamo-hypophysaire et principalement l'hypothalamus.

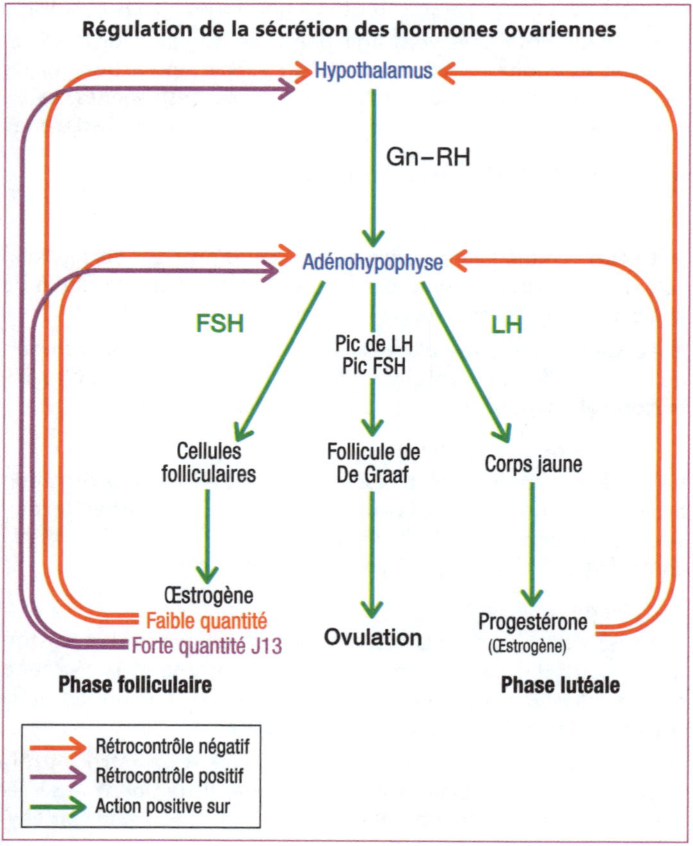

Le soi et le non-soi

Fiche 43

1 Présentation

A. L'immunité

■ L'immunité correspond à la défense de l'organisme contre les agressions par des éléments étrangers (antigènes) grâce à des cellules dites immunocompétentes et à la tolérance du soi grâce à des marqueurs d'identité. Elle assure le maintien de l'intégrité de l'organisme. Elle comprend l'immunité innée non spécifique suivie de l'immunité acquise spécifique.

■ L'immunité non spécifique est un ensemble de réactions de neutralisation et de destruction, quel que soit l'agent étranger. Les effecteurs de cette immunité agissent de la même façon contre n'importe quel antigène.

■ L'immunité spécifique est un ensemble de réactions de neutralisation et de destruction dirigé contre un agent étranger précis. Un effecteur précis agira spécifiquement contre un agresseur donné. Il y a la réponse immunitaire à médiation humorale et la réponse immunitaire à médiation cellulaire.

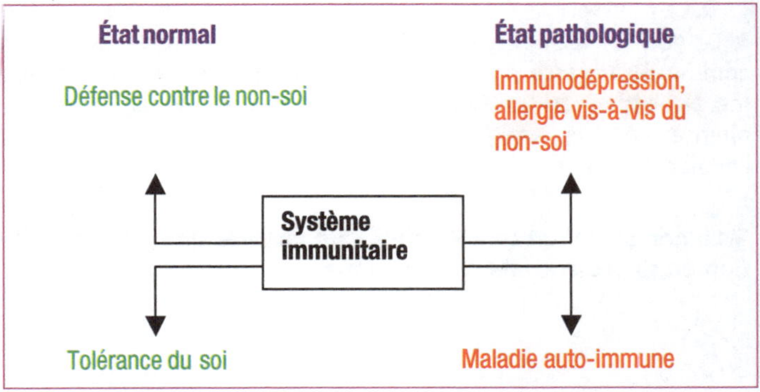

B. Un antigène

■ Un antigène (Ag) est une molécule ou une particule reconnue comme étrangère par les cellules immunitaires et est capable de déclencher une réponse immunitaire. Il est dit immunogène. De plus, il se lie spécifiquement aux agents de la réponse immunitaire : les anticorps (Ac) et les lymphocytes T cytotoxiques (LTc).

2 Le soi et le non-soi

A. Le soi

■ Le soi est l'ensemble des molécules et cellules de l'organisme. Elles sont spécifiques de l'individu et résultent de l'expression de son génome. Elles sont incapables de déclencher une réponse immunitaire. À la surface des cellules, se situent des marqueurs d'identité propres à chaque individu. Ce sont des protéines spécifiques appelées protéines du complexe majeur d'histocompatibilité (CMH).

■ Toutes les cellules nucléées et les lymphocytes T8 (LT8) présentent les molécules du complexe majeur d'histocompatibilité de classe I. Les macrophages, les lymphocytes B (LB) et T4 (LT4) présentent les molécules du complexe d'histocompatibilité de classe II. Les hématies portent, entre autres, les glycoprotéines du système sanguin ABO et du système rhésus.

■ Les peptides du soi, présentés par le CMH, permettent de sélectionner les cellules immunitaires spécifiques dans la reconnaissance du non-soi et de tolérer la reconnaissance du soi.

B. Le non-soi

■ Le non-soi est l'ensemble des molécules et cellules reconnues comme étrangères par le système immunitaire. On les nomme les antigènes du non-soi (toxines, bactéries, virus, parasites, allergènes) et les antigènes du soi modifié : cellules cancéreuses, cellules infectées.

■ Le non-soi induit une réponse immunitaire suite à sa pénétration ou sa présence dans l'organisme.

Les acteurs de l'immunité

Fiche 44

1 Les organes lymphoïdes

A. Les organes lymphoïdes primaires

■ La moelle osseuse et le thymus constituent les organes lymphoïdes primaires.

■ La moelle rouge des os produit toutes les cellules sanguines, dont les lymphocytes. Elle permet de plus la maturation des lymphocytes B, c'est-à-dire leur capacité à distinguer le soi du non-soi.

■ Le thymus, lui, permet la maturation des lymphocytes T (LT) et l'acquisition de marqueurs cellulaires CD4 ou CD8 différenciant ainsi les lymphocytes T4 et les lymphocytes T8.

B. Les organes lymphoïdes secondaires

Les organes lymphoïdes secondaires comprennent les ganglions lymphatiques cervicaux, inguinaux, axillaires, la rate, l'appendice, les amygdales et les plaques de Peyer (intestin grêle). Ce sont des lieux de concentration des lymphocytes permettant la rencontre entre les antigènes et les cellules immunocompétentes, leur activation et la coopération cellulaire.

Les organes lymphoïdes

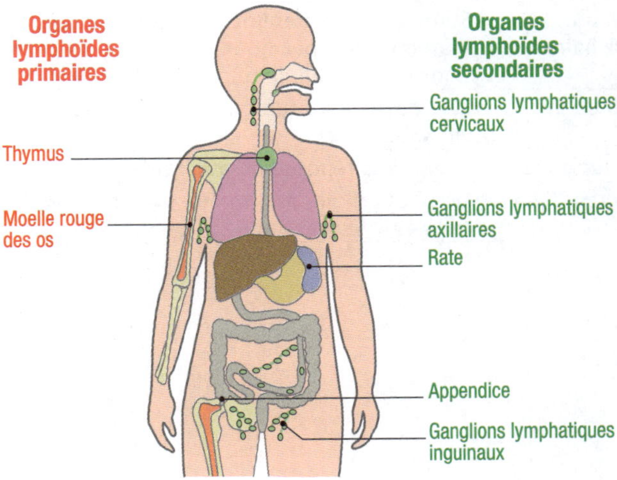

2 Les cellules immunitaires

Suite à leur maturation, c'est-à-dire à la distinction du soi et du non-soi, les cellules immunitaires sont réparties dans les systèmes circulatoire et lymphatique.

A. Les cellules phagocytaires

- Les polynucléaires neutrophiles, éosinophiles, les monocytes et les macrophages interviennent dans la réponse immunitaire non spécifique, c'est-à-dire dans la réaction inflammatoire et la phagocytose des micro-organismes et des cellules anormales. Le macrophage présente les antigènes associés au CMH de classe I ou II aux lymphocytes T et B.
- Les polynucléaires basophiles participent aux allergies.

B. Les cellules spécifiques

Les lymphocytes interviennent dans l'immunité spécifique. Ils présentent à leur surface des récepteurs membranaires spécifiques capables de reconnaître les antigènes. Les lymphocytes B interviennent dans la réponse immunitaire humorale. Les lymphocytes T8 ou cytotoxiques interviennent dans la réponse immunitaire cellulaire.

Lymphocytes	Rôle
LB	Transformation en plasmocytes : cellules spécialisées dans la synthèse d'anticorps.
LT4 ou auxiliaire	Stimulation et amplification des réponses immunitaires spécifiques. Coopération cellulaire.
LT8 ou LTc	Lyse des cellules tumorales et infectées par des virus, bactéries.
LT suppresseur	Frein de la réponse immunitaire.
Natural Killer	Lyse des cellules anormales, tumorales et des cellules infestées par un virus.

Les molécules immunitaires

1 Les anticorps

A. La structure

■ Les anticorps ou immunoglobulines (Ig) sont des protéines produites et sécrétées par les plasmocytes. Ils sont soit solubles dans le plasma, soit présents à la surface des lymphocytes B. Les Ac sont constitués de 4 chaînes polypeptidiques unies par des ponts disulfures : 2 chaînes lourdes et 2 chaînes légères.

■ Aux extrémités variables de l'anticorps, se situe le site antigénique ou paratope, site de liaison avec l'antigène. À l'opposé, sur la chaîne lourde, se situent deux sites, un site de fixation des protéines du complément et un site de fixation aux cellules phagocytaires.

■ Il existe 5 types d'immunoglobulines ayant chacune des rôles particuliers : IgM, IgG, IgA, IgD et IgE.

■ Les Ac circulant dans le sang et la lymphe sont capables de reconnaître spécifiquement un antigène et de le neutraliser.

Structure d'un anticorps

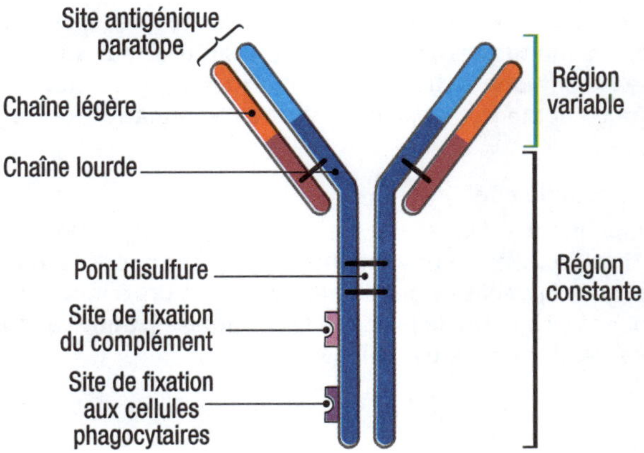

à détacher Vu !

B. Le complexe immun

■ Le paratope de l'anticorps va reconnaître au niveau de l'antigène une structure appelée épitope qui lui est complémentaire.

■ La liaison du paratope et de l'épitope va former un complexe immun.

Formation du complexe immun

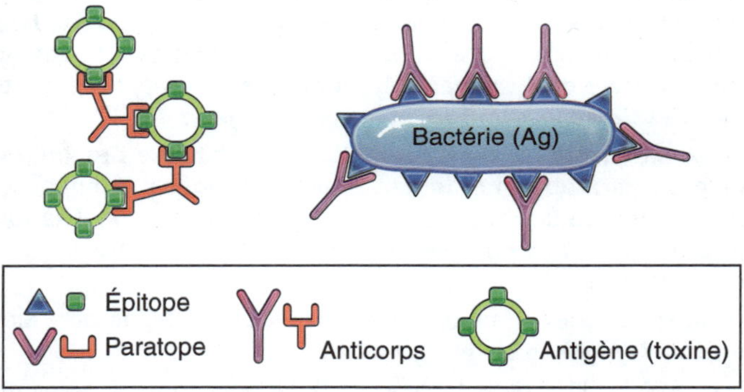

2 Les autres molécules

A. Les cytokines

Les cytokines sont synthétisées par les lymphocytes T, les *Natural Killers*, les monocytes et macrophages suite à leur stimulation. Elles exercent une action locale et systémique sur les cellules immunocompétentes et aident ainsi à l'élimination des agents étrangers.

B. Le complément

Le complément est un ensemble de protéines synthétisées par le foie. Elles circulent en permanence dans le sang sous forme inactive. Lors de la pénétration d'un antigène, les protéines s'activent et vont s'associer afin de produire un complexe lytique capable de perforer la membrane des cellules.

Une infection virale : la grippe

Fiche 46

1 Le virus de la grippe

A. Présentation

■ Le virus de la grippe ou *influenza virus* est un virus à ARN. Il est responsable d'affections respiratoires aiguës par atteinte des cellules ciliées épithéliales de la muqueuse respiratoire (nez, larynx, bronches).

■ Il existe trois types de virus. Le virus de type A est le plus virulent et le plus fréquent. Il est responsable de pandémies et des épidémies hivernales et se transforme très rapidement. Le virus de type B est moins fréquent ; il est également responsable des épidémies hivernales (octobre à avril). Le virus de type C déclenche un rhume.

B. Description

■ Le virus se compose d'une enveloppe phospholipidique contenant 8 molécules d'ARN associées à diverses protéines nécessaires à sa multiplication. Chaque segment d'ARN est contenu dans une nucléocapside.

■ Sur l'enveloppe, on distingue deux protéines. L'hémagglutinine permet d'attacher la particule virale sur sa cellule cible et ainsi de libérer le contenu viral dans la cellule. La neuraminidase permet de détruire le mucus des voies respiratoires pour faciliter la fixation du virus et de libérer les nouveaux virions de la cellule hôte.

Structure du virus de la grippe

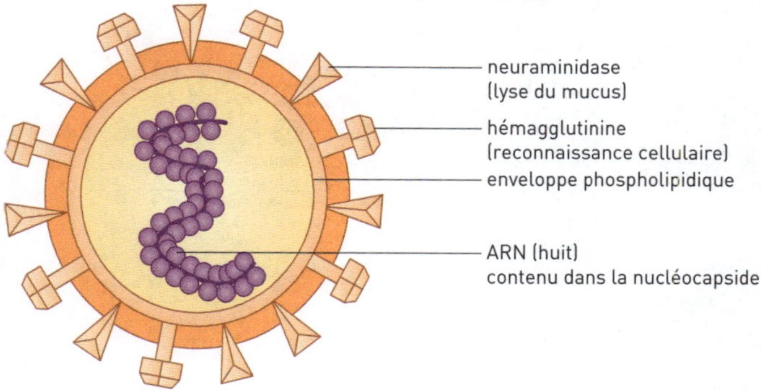

à détacher Vu !

2 Le cycle viral

Pour se multiplier, le virus de la grippe doit pénétrer et utiliser le matériel de sa cellule hôte. Il va donc se fixer sur les cellules épithéliales de la muqueuse respiratoire (larynx, trachée, bronches).

1 : Reconnaissance par l'hémagglutinine présente à la surface du virus de l'acide sialique présent sur les cellules ciliées épithéliales.

2 : Entrée du virus dans la cellule par endocytose.

3 : Fusion de l'enveloppe virale avec la membrane d'endocytose et libération de l'ARN viral et des enzymes.

4 : Entrée de l'ARN viral dans le noyau.

5 : Fabrication de nouveaux brins d'ARN viral.

6 : Transcription et traduction de l'ARN viral en protéines virales.

7 : Migration des éléments viraux (ARN viral, enzymes, protéines) vers la membrane plasmique.

8 : Assemblage du virus, bourgeonnement et libération des virus.

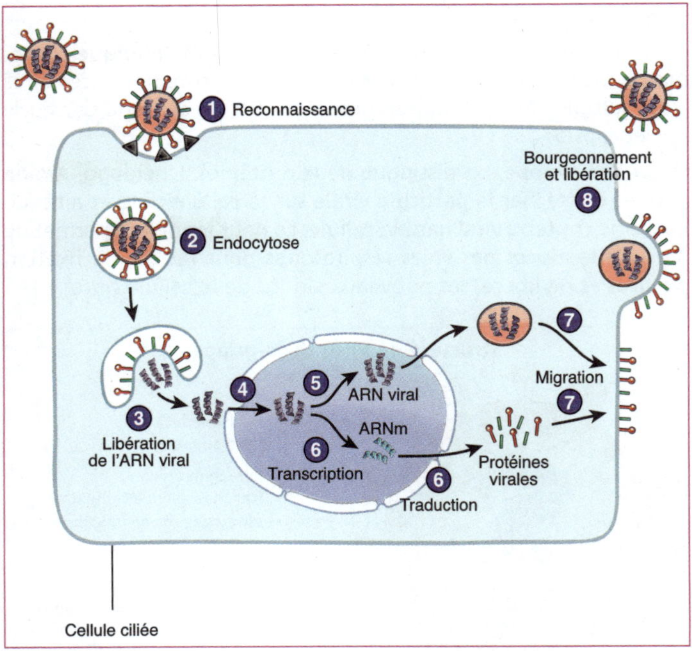

Les voies d'entrée des virus

Fiche 47

1 Le cas de la grippe

A. La contamination

- La contamination s'effectue par voie aérienne par l'inhalation de microgouttelettes de salive contenant des virus, libérées lors de la toux ou des éternuements.
- Le virus de la grippe étant résistant, la contamination peut également se faire par contact direct avec une personne infectée (baiser, poignée de mains, accolade) ou par contact indirect avec un objet contaminé par la personne infectée (poignée de porte, téléphone).
- Normalement, la muqueuse des voies respiratoires agit comme une barrière protectrice grâce au mucus qui empêche l'adhérence des micro-organismes aux cellules épithéliales et grâce aux cils qui permettent le mouvement du mucus vers le pharynx où il est expulsé dans l'œsophage.

B. Les symptômes

Les symptômes de la grippe durent environ sept jours. On observe :
– une fièvre supérieure à 38 °C pendant au moins trois jours,
– une toux sèche, des frissons,
– des douleurs musculaires (myalgie) et articulaires (arthralgie),
– une asthénie,
– des céphalées,
– une pharyngite,
– un essoufflement au repos,
– des douleurs dans la poitrine,
– un écoulement nasal,
– des éternuements.

2 La barrière cutanéo-muqueuse

La peau et les muqueuses assurent quatre types de protection contre les micro-organismes.

A. La protection physique

La peau, par son épithélium kératinisé, est une barrière imperméable pour la plupart des micro-organismes pathogènes. De plus elle est en perpétuel renouvellement et possède de nombreuses couches cellulaires.

B. La protection mécanique

■ Le mouvement des cils des voies respiratoires fait remonter le mucus le long des bronches et de la trachée vers le carrefour laryngopharyngé pour son évacuation vers l'œsophage.

■ Le mucus sécrété par les cellules caliciformes des muqueuses respiratoires et intestinales capte les micro-organismes et empêche leur pénétration dans les cellules épithéliales.

C. La protection biochimique

■ Au niveau de la peau, les sécrétions sudoripares ont une action bactéricide et antifongique. Les glandes sébacées sécrètent un sébum acide qui empêche la multiplication des bactéries pathogènes.

■ Au niveau des muqueuses, l'acidité des sécrétions gastriques, vaginales et de l'urine empêche la prolifération des micro-organismes.

■ La sécrétion de substances bactéricides (lysozyme) dans la salive et les larmes provoque également la destruction des bactéries.

D. La protection biologique

Les bactéries commensales non pathogènes des flores buccale, intestinale et vaginale gênent le développement des bactéries pathogènes en créant des conditions de vie défavorables.

La défense immunitaire innée

Fiche 48

La défense immunitaire innée comprend les réactions permettant d'éliminer n'importe quels éléments étrangers, quelle que soit leur localisation à l'intérieur de l'organisme : antigène intra ou extracellulaire.

1 La réaction inflammatoire

A. La définition

La réaction inflammatoire est une série de réactions vasculaires et cellulaires se produisant localement suite à une lésion tissulaire due à la pénétration d'un agent étranger. Elle se caractérise par 4 signes : douleur, œdème, rougeur, chaleur.

B. Le mécanisme

Suite à la pénétration d'un antigène, on observe une vasodilatation du capillaire engendrant un afflux de sang responsable de l'apparition d'une rougeur et d'une sensation de chaleur. L'augmentation de la perméabilité vasculaire provoque un mouvement d'eau vers le milieu interstitiel, d'où un gonflement des tissus : c'est l'œdème. Celui-ci comprime les terminaisons nerveuses, provoquant une douleur.

Bilan de l'immunité innée

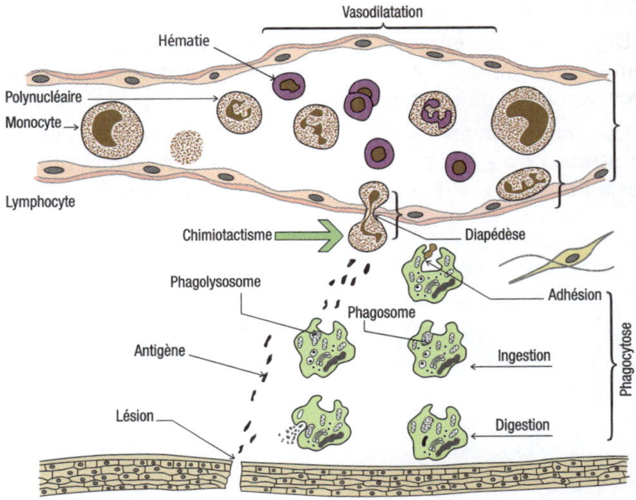

à détacher Vu !

- Les leucocytes sont attirés vers le lieu de la lésion par chimiotactisme. Ils se collent à la paroi du capillaire (margination), la traversent (diapédèse) et se dirigent toujours par chimiotactisme vers l'antigène pour le phagocyter et le détruire.
- La réaction inflammatoire se développant dans les voies respiratoires lors de la grippe est responsable de symptômes comme la toux (évacuation du mucus), la douleur thoracique, la fièvre.

2 La phagocytose

A. Les cellules phagocytaires

La phagocytose correspond à l'ingestion des agents étrangers par les phagocytes. Elle se déroule suite à la réaction inflammatoire et au phénomène de chimiotactisme. Elle permet la neutralisation et la destruction des antigènes comme les virus, bactéries, toxines. Elle est assurée par les polynucléaires neutrophiles, les macrophages et les monocytes.

B. Les différentes étapes

- Adhésion : suite au chimiotactisme, le phagocyte adhère à l'antigène grâce à ses pseudopodes qui vont l'entourer.
- Ingestion : les membranes cytoplasmiques des pseudopodes fusionnent et l'antigène est ingéré dans une vésicule appelée un phagosome. Celui-ci fusionne avec un lysosome pour former un phagolysosome.
- Digestion : les enzymes lysosomiales contenues dans le lysosome vont digérer l'antigène en petits fragments qui seront exocytés. L'antigène est détruit.
- Certains fragments seront exposés à la surface du phagocyte en association avec le complexe majeur d'histocompatibilité de classe I et de classe II afin d'être présentés aux lymphocytes T.

La réponse acquise à médiation humorale

Fiche 49

La réponse acquise à médiation humorale est une réponse immunitaire qui se met en place vis-à-vis des antigènes intracellulaires (virus, bactéries) dès le début d'une infection ou vis-à-vis des antigènes extracellulaires (toxines, bactéries, allergènes, parasites) grâce à la production d'anticorps par les plasmocytes.

1 La production des anticorps

A. Le mécanisme

- Activation : les anticorps membranaires présents à la surface des lymphocytes B vont reconnaître le virus de la grippe. Un complexe immun va se former et les lymphocytes B vont alors s'activer.
- Stimulation : les lymphocytes T4, ayant eux aussi reconnu le virus présenté par le macrophage associé au CMH de classe II, vont stimuler les lymphocytes B, soit par contact direct, soit à distance par sécrétion d'interleukines.
- Multiplication : suite à ce signal, les lymphocytes B vont se multiplier et se différencier en plasmocytes qui vont agir immédiatement et en lymphocytes B mémoires, cellules qui ne seront stimulées que lors d'un futur contact avec le même antigène.

B. Les plasmocytes

- Les plasmocytes sont de grandes cellules possédant de nombreuses mitochondries fournissant toute l'énergie nécessaire aux synthèses et un réticulum endoplasmique rugueux très développé nécessaire à la synthèse des anticorps.
- Les plasmocytes sécrètent alors de grandes quantités d'anticorps spécifiquement dirigés contre le virus de la grippe, par exemple.

2 La fonction des anticorps

La liaison de l'anticorps sur l'antigène forme un complexe immun. Ceci va entraîner trois étapes.

A. La neutralisation

L'action des toxines ou la pénétration des virus et bactéries dans leurs cellules hôtes sont neutralisées par la fixation du paratope de l'Ac sur la toxine ou sur les protéines membranaires des virus et bactéries.

B. L'activation du complément

L'activation du complément conduit à la lyse des bactéries ou des cellules infectées. Les Ac se lient aux bactéries et une protéine du complément se fixe sur son site au niveau de la chaîne lourde de l'Ac ; les autres protéines du complément s'activent et forment le complexe lytique, entraînant la lyse des bactéries ou des cellules infectées.

C. L'opsonisation

L'opsonisation est une facilitation de la phagocytose. Les Ac se lient aux bactéries puis vont se fixer sur les macrophages *via* leur site de liaison présent sur la chaîne lourde.

Production d'Ac : rôle du LT4

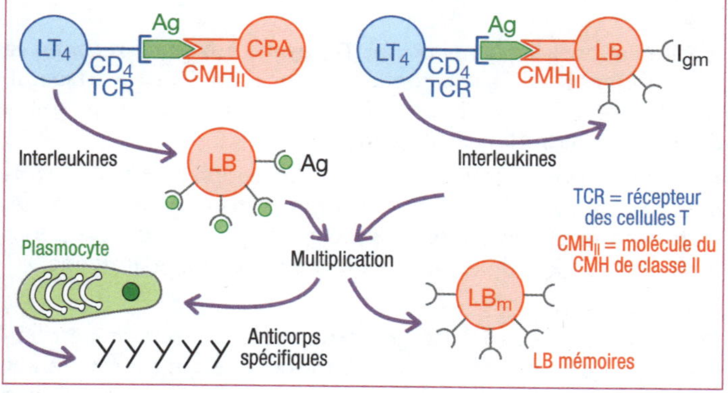

La réponse acquise à médiation cellulaire

Fiche 50

La réponse acquise à médiation cellulaire est une réponse qui ne se met en place que vis-à-vis des antigènes intracellulaires comme les virus, les bactéries ou les cellules cancéreuses grâce aux lymphocytes T cytotoxiques qui vont détruire les cellules infectées ou modifiées.

1 Le mécanisme

A. L'activation

■ Suite à la phagocytose, les fragments d'antigènes viraux digérés sont présentés à la surface du phagocyte en association avec les molécules du CMH de classe I et de classe II au niveau des organes lymphoïdes secondaires.

■ Les lymphocytes T8 vont reconnaître, grâce à des récepteurs membranaires spécifiques, ces complexes antigène viral-complexe majeur d'histocompatibilité de classe I présents sur les macrophages infectés. Ils vont alors s'activer.

B. La stimulation

Les lymphocytes T4 vont eux aussi reconnaître l'antigène viral associé au CMH de classe II et secréter des interleukines.

C. La multiplication

Les lymphocytes T8 vont se multiplier suite à la stimulation exercée par les interleukines. Les lymphocytes T8 vont se transformer en lymphocytes T cytotoxiques qui vont agir immédiatement et en lymphocytes T cytotoxiques mémoires, cellules qui ne seront stimulées que lors d'un futur contact avec le même antigène.

2 Le mode d'action des lymphocytes T8

■ Les lymphocytes T cytotoxiques se lient aux cellules infectées grâce à la reconnaissance de l'antigène viral associé au CMH de classe I. Ils libèrent des perforines, protéines qui vont créer des pores membranaires au travers de la cellule cible et entraîner sa lyse.

■ Ils libèrent également des signaux entraînant l'apoptose (mort cellulaire programmée) des cellules infectées.

Le mode d'activation du LTc

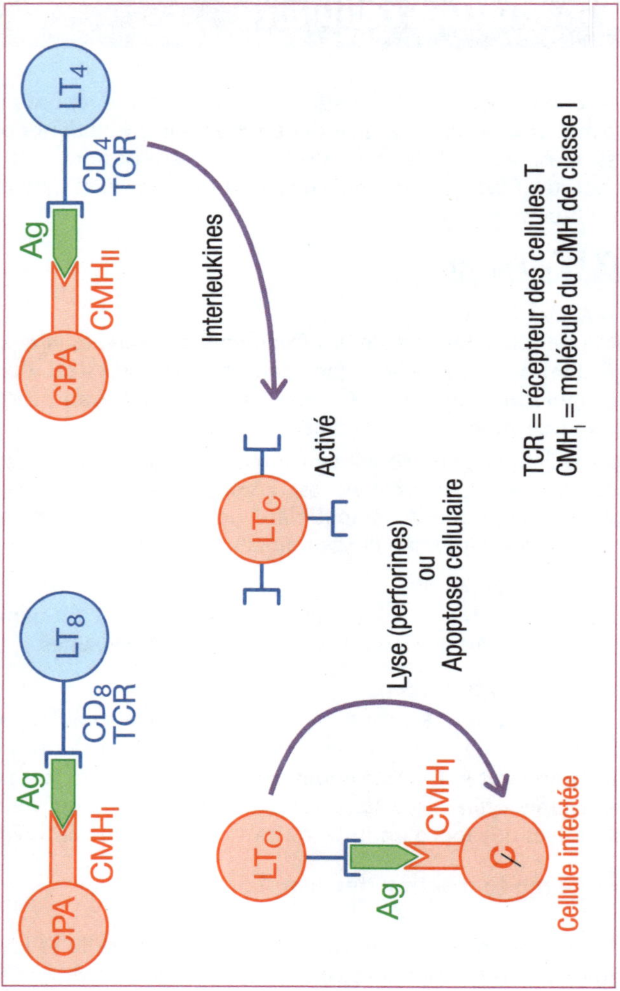

La réponse immunitaire

Fiche 51

1 L'interaction immunité innée/immunité acquise

La réponse immunitaire comprend deux grands mécanismes : la défense innée non spécifique et la défense acquise spécifique.

A. La défense innée

■ La défense innée compte différentes protections assurées par la barrière cutanéo-muqueuse, la réaction inflammatoire et la phagocytose. Cette défense est assurée contre n'importe quel élément étranger.

B. La défense acquise

■ La défense acquise comprend la réponse immunitaire à médiation humorale avec mise en place des anticorps spécifiquement dirigés contre un antigène déterminé et la réponse immunitaire à médiation cellulaire avec mise en place des lymphocytes T cytotoxiques capables de lyser les cellules infectées ou modifiées *via* les molécules de perforines. Ces réponses immunitaires sont stimulées et amplifiées par la collaboration des lymphocytes T4 (coopération cellulaire).

■ Ces défenses immunitaires sont assurées contre des éléments étrangers précis.

2 La coopération cellulaire

■ Les lymphocytes T4 interviennent dans la coopération cellulaire. Ils reconnaissent les antigènes lorsque ceux-ci sont présentés en association avec le complexe majeur d'histocompatibilité de classe II à la surface des cellules présentatrices de l'antigène (CPA : macrophages, lymphocytes B, cellules dendritiques).

■ Cette reconnaissance active les lymphocytes T4, qui vont ensuite stimuler, par sécrétion d'interleukines, les lymphocytes B (production d'anticorps) et les lymphocytes T8 (formation des lymphocytes T cytotoxiques).

à détacher Vu !

Bilan de l'immunité

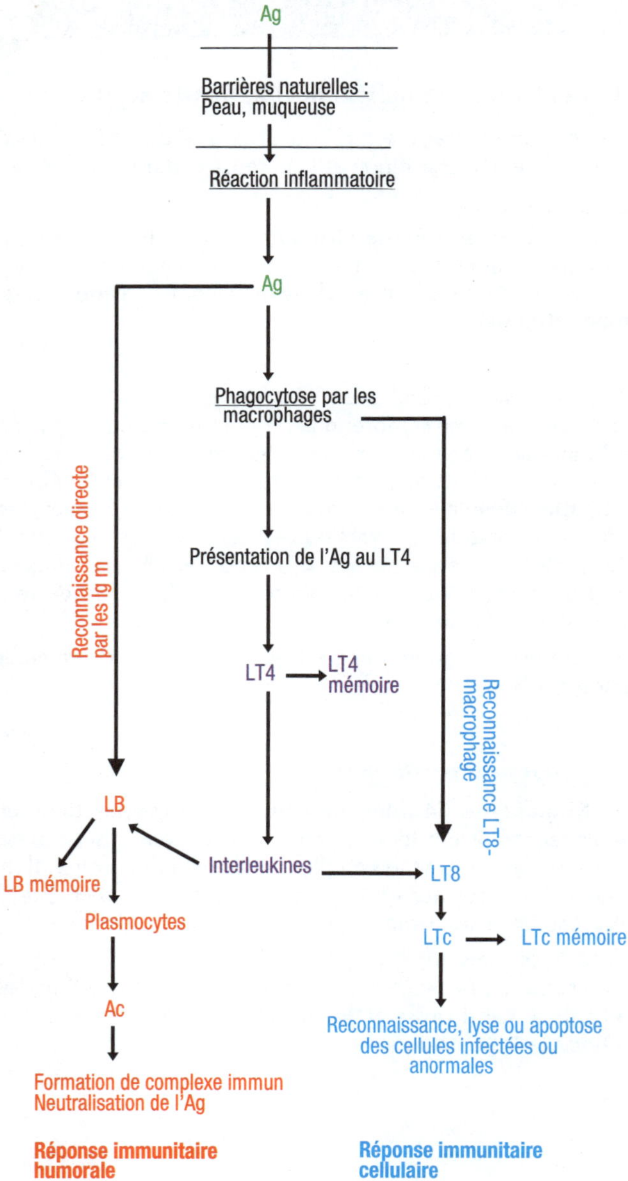

La prévention de la grippe : la vaccination

Fiche 52

La vaccination est une mesure préventive. Elle repose sur l'existence de cellules mémoires qui vont synthétiser des anticorps spécifiques lors du contact futur avec un antigène déterminé.

1 La vaccination

A. Les caractéristiques

L'injection d'un antigène rendu non pathogène induit une réponse immunitaire sans développement de la maladie. La protection, obtenue après un temps de latence, est durable, rapide, spécifique et prévient, grâce aux cellules mémoires, la prolifération d'agents infectieux.

B. Les différents types de vaccins

Les vaccins utilisés sont de plusieurs types.

– Les vaccins à base de micro-organismes vivants atténués : les micro-organismes sont capables de se multiplier mais ne sont pas pathogènes.

Ex. : le BCG contre la tuberculose, le ROR contre la rubéole, les oreillons et la rougeole.

– Les vaccins à base de germes tués : les micro-organismes ne sont plus pathogènes, ils sont inertes.

Ex. : les vaccins contre la coqueluche ou la poliomyélite.

– Les vaccins à fractions antigéniques : seuls des fragments de micro-organismes ou des toxines inactivées sont injectés.

Ex. : l'anatoxine diphtérique, l'anatoxine tétanique, des fragments du virus A et B de la grippe, des fragments de l'enveloppe du virus de l'hépatite ou des protéines du papillomavirus.

C. La vaccination contre la grippe

■ La vaccination s'effectue par une injection intramusculaire dès le mois de novembre d'une préparation à base des trois dernières souches de virus circulantes. Elle est annuelle du fait de l'extrême variabilité génétique des virus de type A et B. Des mutations des gènes codant pour les protéines d'enveloppe entraînent la formation de nouveaux variants du virus, nécessitant un changement régulier des souches vaccinales.

■ Elle est recommandée chez les populations à risques (personnes âgées, enfants et adultes présentant des pathologies pulmonaires, cardiaques, des déficits du système immunitaire, les personnels soignants).

2 Les réponses primaire et secondaire

A. La réponse primaire

Lors d'un premier contact avec un antigène, les lymphocytes B vont se différencier en lymphocytes B mémoires et en plasmocytes sécréteurs d'IgM puis d'IgG spécifiques de cet antigène. La réponse primaire est lente et tardive.

B. La réponse secondaire

Lors d'un deuxième contact avec ce même antigène, les lymphocytes B mémoires circulants vont immédiatement s'activer, proliférer et se différencier en plasmocytes. La sécrétion d'IgG spécifiques sera immédiate et importante. La réponse secondaire est rapide, efficace et durable.

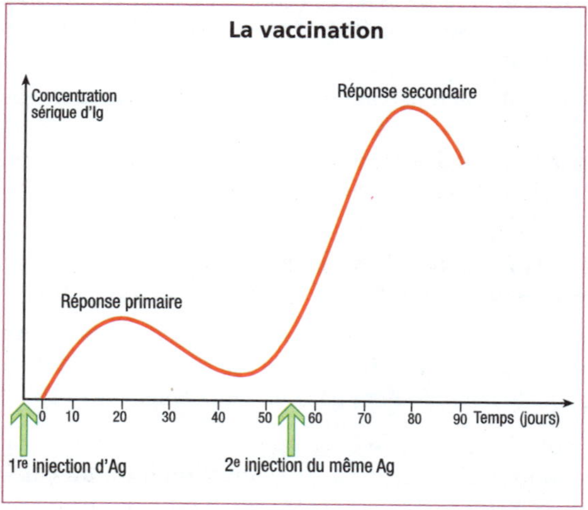

Le sida ou syndrome d'immuno-déficience acquise

Fiche 53

1 Le sida

A. La définition

■ Le sida est une infection chronique évoluant sur plusieurs années. Il se caractérise par une atteinte du système immunitaire due à un virus, le virus de l'immunodéficience humaine ou VIH, et conduit à sa disparition. Les cellules cibles du virus sont les LT4, les macrophages, les cellules dendritiques et les cellules du système nerveux.

■ Au niveau mondial en 2011, 34 millions de personnes sont séropositives. 1,8 million de personnes sont décédées et 2,7 millions sont nouvellement contaminées. Le sida est surtout présent en Afrique subsaharienne et en Asie du sud et du sud-est.

■ Les facteurs favorisants sont les partenaires multiples, les relations non protégées, la consommation de drogues, la pauvreté, le non-accès aux traitements.

B. Le mode de contamination et la prévention

Le VIH se transmet par voie sexuelle (sperme, sécrétions vaginales), voie sanguine et voie materno-fœtale (grossesse, accouchement, allaitement). Il est indispensable d'informer la population des risques, d'utiliser des préservatifs, du matériel médical à usage unique (aiguilles, seringues) et de traiter les femmes enceintes atteintes par le virus.

2 Les différentes phases de l'infection

A. La phase de primo-infection

■ Les virus ayant infecté les lymphocytes T4 se multiplient très rapidement. Cette multiplication entraîne une diminution du nombre de lymphocytes T4, qui éclatent lors de la libération des virions. Les défenses immunitaires se mettent en place. Des lymphocytes T cytotoxiques spécifiques du VIH apparaissent et détruisent un grand nombre de virus.

■ L'immunité humorale se met en place. La synthèse des anticorps anti-VIH débute ; ils vont neutraliser les virus par formation de complexes immuns provoquant une diminution du nombre de virus. La concentration en lymphocytes T4 réaugmente légèrement. C'est la séroconversion.

■ Les symptômes sont ceux d'un état pseudo-grippal : asthénie, myalgie, céphalée, pyrexie.

B. La phase asymptomatique

■ Le sujet est séropositif. Le virus est quiescent.

■ Le taux d'anticorps reste stable, la quantité de virus reste faible. Le système immunitaire résiste durant plusieurs années. Puis on observe une augmentation du nombre de virus et une diminution progressive du nombre de lymphocytes T4. Ils sont détruits par le virus et les lymphocytes T cytotoxiques qui les reconnaissent comme du non-soi. Le taux d'anticorps chute.

C. La phase de sida déclaré

L'augmentation du nombre de virus entraîne une diminution du taux de lymphocytes T4 et, avec elle, une diminution du taux d'anticorps. Les défenses immunitaires sont très affaiblies et des maladies opportunistes apparaissent (tuberculose, lymphome, encéphalite, sarcome de Kaposi).

Évolution des différents paramètres au cours de l'infection

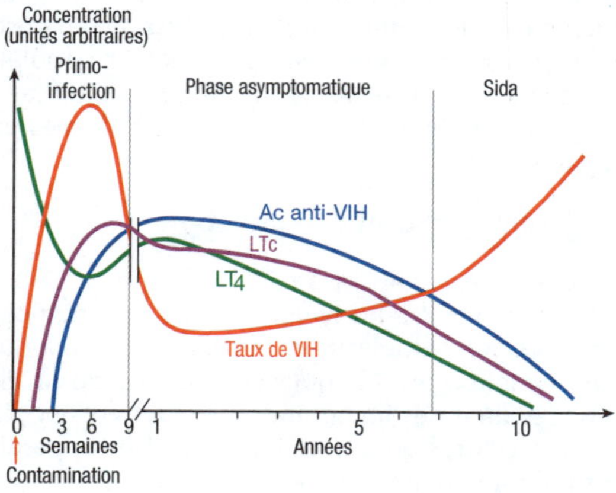

ANNEXES

Lexique

A

Accident vasculaire cérébral : Affection neurologique due à une lésion d'un vaisseau cérébral.

Adénomégalie : Augmentation du volume des ganglions lymphatiques.

ADN : Acide désoxyribonucléique.

Allèle : Forme d'expression d'un gène.

Allogreffe : Greffe entre individus de même espèce mais génétiquement différents.

Alopécie : Chute totale ou partielle des cheveux et poils.

Aménorrhée : Absence de règles.

Androgènes : Hormones mâles. La principale d'entre elles est la testostérone.

Anémie : Diminution du taux d'hémoglobine.

Angiographie : Radiographie des vaisseaux utilisant un produit de contraste.

Angioplastie : Réparation chirurgicale d'un vaisseau.

Angor : Syndrome douloureux thoracique dû à une ischémie transitoire du myocarde.

Anoxémie : Diminution très importante du taux d'O_2 dans le sang.

Anoxie : Diminution très importante du taux d'O_2 dans le tissu.

Antibiogramme : étude de la sensibilité des bactéries vis-à-vis des antibiotiques.

Antibiotique : Médicament anti-infectieux détruisant des bactéries.

Anticorps : Protéines produites par les plasmocytes en réponse à l'introduction d'un antigène dans l'organisme.

Antigène (Ag) : Molécule ou cellule reconnue comme étrangère et capable de déclencher une réponse immunitaire.

Aplasie : Arrêt du développement d'un tissu ou d'un organe.

Apnée : Absence de respiration.

Artérite : inflammation d'une artère.

Arythmie : Rythme cardiaque irrégulier.

Asthénie : état de fatigue général.

Asthénospermie : Diminution de la mobilité des spermatozoïdes.

Asthme : Affection respiratoire entraînant des crises de dyspnée avec bradypnée expiratoire.

Asymptomatique : Pathologie ne présentant pas de symptôme.

Athérectomie : Ablation de la plaque d'athérome.

Athérogène : Substance favorisant la formation d'une plaque d'athérome.

Athérome : Dépôt de lipides complexes au niveau de l'intima des grosses et moyennes artères.

Athérosclérose : Processus dégénératif de la paroi des artères, caractérisé par des dépôts d'athérome dans l'intima.

Azoospermie : Absence de spermatozoïdes.

B

Biopsie : Prélèvement sur un sujet vivant d'un tissu ou d'un organe pour une étude anatomopathologique.

Bradycardie : battements cardiaques trop lents.

Bradypnée : Respiration lente.

Bronchiolite : inflammation des bronchioles.

Bronchite : inflammation des bronches.

Bronchorrhée : Hypersécrétion de mucus entraînant toux et difficulté respiratoire.

C

Cancer : Maladie caractérisée par une prolifération cellulaire anormale d'un tissu.

Cardiomyopathie : Manifestations pathologiques dues à l'atteinte du muscle cardiaque.

Cervicite : Inflammation du col de l'utérus.

Chimiothérapie : Traitement médicamenteux dont le but est de détruire les cellules cancéreuses.

Complexe hypothalamo-hypophysaire : Complexe formé de l'hypothalamus et de l'hypophyse.

Complexe immun : Complexe antigène-anticorps.

Contraception : Méthode empêchant la fécondation.

Cryptorchidie : Absence de testicules dans les bourses.

Cyanose : Coloration bleue de la peau due à un manque d'oxygène dans le sang.

D

Diploïde : Se dit d'une cellule possédant deux jeux de chromosomes.

Doppler : Méthode d'enregistrement de l'activité électrique cardiaque sur 24 : heures.

Dysménorrhée : Douleurs menstruelles.

Dysplasie : Anomalie du développement d'un tissu ou organe.

Dyspnée : Difficulté à respirer.

E

ECG : Électrocardiogramme : enregistrement de l'activité électrique du cœur.

Échographie : Examen paraclinique utilisant les ultrasons.

Embolie : Oblitération d'un vaisseau par un corps étranger qui a migré dans la circulation et s'est bloqué.

Endémie : Atteinte qui persiste dans une région géographique.

Endométrite : Inflammation de l'endomètre de l'utérus.

Épidémie : Atteinte, sur une période courte, d'un grand nombre d'individus d'une région.

Examen anatomopathologique : Étude histologique et cytologique d'un fragment de tissu ou des sécrétions de l'organisme.

Expectoration : Expulsion par la toux de substances provenant des voies respiratoires.

F

Fécondation : Fusion entre un spermatozoïde et un ovocyte pour former le zygote.

Fibrillation : Contractions rapides et inefficaces du ventricule.

Fibrome : Tumeur bénigne formée de tissu conjonctif.

Fibroscopie : Technique permettant l'observation directe des cavités de l'organisme.

Fibrose : Dégénérescence du tissu fibreux.

Frottis cervico-vaginal : Étalement de cellules prélevées au niveau du col de l'utérus.

G

Gamète : Cellule sexuelle.

Gène : Segment d'ADN portant l'information génétique.

Gonade : Glande sexuelle à l'origine des gamètes.

Grippe : Maladie infectieuse due à un virus.

Gynécologie : étude des maladies relatives à l'appareil génital féminin.

H

Haploïde : Se dit d'une cellule ne possédant qu'un jeu de chromosome (gamètes).

Hématose : Transformation d'un sang riche en CO_2 en un sang riche en O_2.

Hémiplégie : Paralysie de la moitié droite ou gauche du corps.

Hémoglobine : Hétéroprotéine permettant le transport des gaz respiratoires.

Hémoptysie : Crachement de sang d'origine respiratoire.

Hérédité : Transmission des caractères d'une génération à une autre.

Hormone : Protéine synthétisée par des glandes endocrines et sécrétée dans le sang.

Hypercapnie : Quantité trop importante de CO_2 dans le sang.

Hypercholestérolémie : Augmentation du taux de cholestérol dans le sang.

Hyperplasie : Développement exagéré d'un tissu ou d'un organe.

Hypertension : Pression artérielle supérieure à 14/9 cm d'Hg.

Hypocapnie : Quantité trop faible de CO_2 dans le sang.

Hypotension : Pression artérielle systolique inférieure à 9 cm d'Hg.

Hypoxémie : Diminution de la quantité d'O_2 dans le sang.

Hypoxie : Diminution de la quantité d'O_2 dans le tissu.

Hystérosalpingographie : Radiographie des trompes et de l'utérus.

I

Iatrogène : Qui est engendré par la thérapeutique.

Imagerie par résonance magnétique (IRM) : Technique d'exploration utilisant la résonance magnétique.

Infarctus du myocarde : Nécrose du myocarde due à une ischémie permanente.

Infection nosocomiale : Infection contractée à l'hôpital ou dans un établissement de soins.

Ischémie : Diminution de l'apport sanguin à un organe.

L

Leucopénie : Diminution du taux de leucocytes dans le sang.

Lymphome : Tumeur maligne du tissu lymphoïde.

Lymphopénie : Diminution du taux de lymphocytes dans le sang.

M

Marqueurs tumoraux : Substances sécrétées par les cellules tumorales et présentes dans le sang.

Ménopause : Arrêt des cycles menstruels.

Métastase : Foyer secondaire d'une tumeur cancéreuse.

Monosomie : Perte d'un chromosome entier d'une paire.

Mucoviscidose : Maladie génétique entraînant un épaississement du mucus.

Mutation : Modification de la séquence nucléotidique de l'ADN.

Mycose : Infection due à un champignon.

N

Nécrose : Mort d'une ou plusieurs cellules ou d'un tissu.

Néoplasie : Augmentation pathologique du nombre de cellules.

Nidation : Implantation de l'œuf dans la paroi utérine.

O

Oligospermie : Faible quantité de spermatozoïdes.

Oncogène : Gène qui favorise la multiplication anormale des cellules.

P

Pandémie : Extension d'une maladie à toute la population d'un continent ou du globe.

Parasitose : Infection due à un parasite.

Pneumopathie : Maladie du système respiratoire.

Polype : Tumeur dans une cavité formant une petite masse.

Pontage : Procédé de revascularisation de la partie en aval d'un vaisseau obstrué.

Précordialgie : Douleur rétrosternale, douleur de la région précordiale (dans le thorax).

Pression artérielle : Pression exercée par le sang sur la paroi des artères.

Procréation médicalement assistée (PMA) : Technique médicale permettant la fécondation.

R

Radiographie : Examen paraclinique fondé sur l'absorption différentielle des rayons X.

Radiothérapie : Traitement utilisant les rayons afin de détruire les cellules tumorales.

Rétrosternal : Derrière le sternum.

Révolution cardiaque : Ensemble des systoles et diastoles du myocarde.

S

Salpingite : Inflammation des trompes utérines.

Scanographie : Examen paraclinique fondé sur l'absorption différentielle des rayons X.

Scintigraphie : Examen paraclinique utilisant des substances radioactives injectées et se fixant spécifiquement sur des organes.

Sclérose : Durcissement d'un tissu ou d'un organe.

Spirométrie : Technique mesurant les volumes d'air entrant et sortant.

Sténose : Rétrécissement d'un conduit.

Stérilité : Incapacité de concevoir un enfant.

Syndrome : Ensemble de signes regroupés au cours de différentes maladies.

T

Tabagisme : Consommation régulière de tabac.

Tachycardie : Augmentation de la fréquence cardiaque.

Tératospermie : Présence de spermatozoïdes anormaux.

Thrombose : Formation d'un caillot dans un vaisseau sanguin.

Trisomie : Individu possédant trois chromosomes : 21 ou lieu de deux.

Tumeur : Masse de cellules anormales.

Tumorectomie : Ablation d'une tumeur.

V

Vaccination : Procédé de protection de l'organisme.

Valvulopathie : Atteinte des valvules cardiaques.

Vasodilatateur : Médicament augmentant le diamètre des vaisseaux.

Virémie : Taux de virus sanguin.

Virose : Infection due à un virus.

Index

Les numéros renvoient aux pages

A

Acétylcholine 52
ADN 53, 56, 59, 65, 68, 69, 74
Affinité 17, 18
Allèle 59, 61, 63
Alvéole 10
Anabolisme 11
Angiogenèse 70
Angiographie 45
Angioplastie transluminale 50
Angor 29, 43, 47
Antibiogramme 27, 28
Antibiothérapie 26
Antibiotique 27, 28
Anticorps 95, 103, 104
Antigène 91, 101, 103
Appareil respiratoire 7
ARN 65, 66, 68
Artère 31, 38, 39
Asthme 23, 24
Athérosclérose 29, 43
Automatisme cardiaque 33
Autosome 58, 61

B

Barrière alvéolo-capillaire 10, 13
Barrière cutanéo-muqueuse 99, 100
Bronches 9, 23, 25, 99
Bronchioles 10
Broncho-constriction 23

C

Cancer 30, 69, 70
Capillaire 10, 13, 38, 39
Cartilage 9
Caryotype 57, 58
Catabolisme 11
Chimiothérapie 74
Chromatide 53
Chromatine 53
Chromosome 53, 57, 58
Circulation pulmonaire 8, 37
Circulation systémique 8, 37
Clarté 19
Code génétique 67
Codominance 60, 62
Codon 67
Cœur 31
Complexe hypothalamo-hypophysaire 85, 86
Complexe immun 96, 104
Complexe majeur d'histocompatibilité 92
Contraception 83
Coopération cellulaire 107
Cycle cellulaire 55
Cycle sexuel 87

D

Diastole 35
Diffusion passive 13, 14
Dioxyde de carbone 13, 16
Dioxygène 13, 15
Dominance 60, 61, 62, 63, 64
Doppler 46

E

ECG 34, 49
Échanges gazeux 10, 13
Échographie 46
Élasticité 40
Examen anatomo-pathologique 21, 71

F

Fécondation 81
Fer ferreux 15
Fibroscopie 21, 24, 72

Follicule de De Graaf 79, 87
Folliculogenèse 79

G

Gamètes 75, 76
Gène 59
Génome 59
Génotype 59, 64
Globine 15, 16
Gonades 75, 76
Gonosome 58, 63, 64
Grippe 97, 98

H

Hématose 13
Hémoglobine 15, 17
Hérédité 61, 63
Holter 34
Hypertension artérielle 29, 41, 43

I

Immunité acquise 91, 103, 104, 105, 106, 107
Immunité innée 91, 101, 102, 107
Immunodéficience 112
Infarctus du myocarde 29, 43, 47
IRM 72

L

Lymphocytes 92, 94, 103, 104, 105, 106, 110, 112

M

Maladies génétiques 61, 62, 63, 64
Maladies opportunistes 112
Marqueurs tumoraux 71
Métabolisme 11
Métastase 71
Mitose 55
Moelle osseuse 93
Monoxyde de carbone 16
Mucoviscidose 25
Mucus 7, 9, 23, 25, 99
Muqueuse 9, 99
Mutation 68, 70

N

Nidation 81
Noradrénaline 52

O

Œstrogènes 76, 83, 87, 88, 89
Oncogène 70
Opacité 19
Oreillette 31, 35, 38
Organes lymphoïdes 93
Ovaire 76, 79
Ovocyte 76, 81
Oxyhémoglobine 15

P

PCO_2 13, 14, 18
Perforine 106
Péricarde 32
Phagocyte 94, 102
Phagocytose 102
Phénotype 59
Plasmocytes 95, 103
Plèvre 8
Pneumopathie 23, 25
PO_2 13, 14, 17
Pontage 50
Poumons 88
Pression artérielle 41
Pression diastolique 41
Pression systolique 41
Procréation médicalement assistée (PMA) 83, 84
Produit de contraste 20
Progestérone 76, 83, 87, 88, 89

R

Radiographie, 19, 20, 24, 72
Radiothérapie 74
Réaction inflammatoire 23, 101
Récessivité 60, 61, 62, 63, 64
Régulation cardiaque 51, 52

Respiration cellulaire 11, 12
Rétrocontrôle 87, 89
Révolution cardiaque 35, 36

S

Saturation de l'hémoglobine 17, 18
Scanographie 20, 72
Scintigraphie 49, 71
Sida 111, 112
Spermatogenèse 77, 78
Spermatozoïde 75, 78
Spirométrie 21, 22, 24
Stérilité 82
Système parasympathique 51, 52
Système orthosympathique 51, 52
Systole 35

T

Tabagisme 29
Testicule 75, 86
Testostérone 75, 86
Thrombose 29
Thymus 93
Tissu nodal 33
Trachée 9
Traduction 65, 66
Transcription 65, 66
Tubes séminifères 75, 77
Tumeur 69, 70

U

Ultrasons 46

V

Vaccination 109, 110
Valvule auriculo-ventriculaire 31, 36
Valvule sigmoïde 31, 36
Vasomotricité 40
Veine 31, 38, 39
Ventricule 31, 35, 38
VIH 111, 112
Voies respiratoires 7, 99

Achevé d'imprimer en Roumanie par G. Canale & C. Bucarest
Dépôt légal : avril 2017 - Collection n°62 - Édition 03
14/0004/1